四川南河国家湿地公园
生态系统服务价值评估

彭培好　等／编著

U0205902

西南交通大学出版社
·成都·

图书在版编目（ＣＩＰ）数据

四川南河国家湿地公园生态系统服务价值评估／彭培好等编著． —成都：西南交通大学出版社，2017.1
ISBN 978-7-5643-5213-4

Ⅰ．①四… Ⅱ．①彭… Ⅲ．①沼泽化地－国家公园－生态系统－四川－高等学校－教材 Ⅳ．①P942.710.78

中国版本图书馆 CIP 数据核字（2017）第 007485 号

四川南河国家湿地公园生态系统服务价值评估

彭培好 等 编著

责 任 编 辑	曾荣兵	
助 理 编 辑	张秋霞	
封 面 设 计	墨创文化	
出 版 发 行	西南交通大学出版社 （四川省成都市二环路北一段 111 号 西南交通大学创新大厦 21 楼）	
发 行 部 电 话	028-87600564　028-87600533	
邮 政 编 码	610031	
网　　　址	http://www.xnjdcbs.com	
印　　　刷	四川煤田地质制图印刷厂	
成 品 尺 寸	170 mm × 240 mm	
印　　　张	12.25	
插　　　页	8	
字　　　数	215 千	
版　　　次	2017 年 1 月第 1 版	
印　　　次	2017 年 1 月第 1 次	
书　　　号	ISBN 978-7-5643-5213-4	
定　　　价	68.00 元	

《四川南河国家湿地公园生态系统服务价值评估》

编写组

主　　编　彭培好

副 主 编　刘贤安　王　娟　闫丽丽　冯习义

编写成员　（按姓氏汉语拼音首字母排列）

邓国权　冯习义　贺　岩　蒋　黎　李景吉　李　鹏

刘贤安　彭培好　彭　扬　王　娟　王　恋　王　毅

文森正　夏小梅　徐　婷　闫丽丽　赵　丹

地图绘制　王　毅　李　鹏

插图绘制　刘贤安　王　毅

照片摄影　四川南河国家湿地公园管理处

主　　审　彭培好　刘贤安

《四川南河国家湿地公园生态系统服务价值评估》

研究课题组

主持单位：成都理工大学生态资源与景观研究所

合作单位：四川南河国家湿地公园管理处

前　言

自从 1995 年湿地国际将每年 2 月 2 日确定为"世界湿地日"，湿地与湿地保护逐步走进了公众的视野。湿地不仅孕育了丰富的生物多样性，而且为人类的生活、生产提供多种物质资源；在抵御洪水、调节径流、蓄洪防旱、控制污染、调节气候、控制土壤侵蚀、促淤造陆、美化环境等方面有着其他生态系统不可替代的生态功能和独特的生态经济价值，因而被人们誉为"地球之肾""生态超级市场""物质资源宝库""物种的基因库""生命的摇篮"和"文明的发祥地"等。

我国最早关于湿地的记载出现于《山海经》中，而在《易经》中则有如下论述："说（悦）万物者，莫说（悦）乎泽；润万物者，莫润乎水。"春秋时期，思想家管仲在《管子·水地》中也有如下论述："地者，万物之本原，诸生之根菀也""水者，地之血气，如筋脉之通流者也。"显然，这些都是我国古代思想家对湿地及其价值最为朴素的认知和理解。那么，在当前科学技术的支撑下如何从学术思想的角度来理解湿地及湿地价值？或者能否对湿地的外延和内涵给出科学合理的定义与理解？在《湿地公约》中湿地被定义为："湿地，系指不问其为天然或人工、长久或暂时之沼泽地、湿原、泥炭地或水域地带，带有或静止或流动、或为淡水、半咸水或咸水水体者，包括低潮时水深不超过六米的水域。"同时又规定："可包括邻接湿地的河湖沿岸、沿海区域以及湿地范围的岛域或低潮时水深不超过六米的水域。"显然湿地公约已经对湿地的外延作出了明确清晰的界定。世界自然保护联盟（IUCN）、联合国环境规划署（UNEP）和世界自然基金会（WWF）在编制世界自然保护大纲时，将湿地与森林、海洋三者并称为地球三大生态系统。可见，从生态系统的水平来考量湿地和湿地价值是学术界对湿地内涵的最新理解。

湿地公园作为国家湿地保护管理的一项具体形式，既是湿地生态恢复的新型模式，也是湿地保护与合理利用的最有效方式，它与湿地自然保护区、湿地保护小区、国际/国家重要湿地等共同构成了完整的湿地保护体系。发展建设湿地公园是当前形势下扩大湿地保护面积、维护湿地生态系统服务功能的有效途径之一。我国自2004年建立第一批国家湿地公园以来，湿地公园在全国各地发挥了重要的社会效益、生态效益和经济效益，是加强湿地保护、深化湿地保护改革、促进湿地资源可持续利用、推进湿地生态文明美丽中国建设的示范样板。

但是，我国湿地公园建设及相关研究起步较晚，湿地公园在我国还属于比较新鲜的事物，尤其在湿地公园生态系统服务功能及价值评估方面尚缺乏深入的基础研究和理论探索，从而与我国湿地公园快速发展的现状不相吻合，不利于指导我国湿地公园健康发展和有效建设。

四川南河国家湿地公园作为四川省首家国家正式挂牌成立的"国家湿地公园"，因其独特的地理区位，在服务于全省湿地公园建设中具有典型的示范地位；在具有城市性质的湿地公园建设与保护中，更具独特性和代表性。能否准确把握四川南河国家湿地公园的生态系统服务功能，科学评估其生态系统服务价值和厘定湿地公园的未来可持续发展方向，是开展四川南河国家湿地公园湿地保护及恢复、增强湿地生态功能，以及维护区域生态平衡的基础，也是构建生态宜居及生态文明城市、和谐社会首善之区的必然要求，更是弥补全省湿地公园在生态系统服务功能及价值评估方面研究空缺的典型代表，因此，开展四川南河国家湿地公园生态系统服务价值评估具有十分重要的理论意义和现实意义。

在广元市政府收支分类"2130212湿地保护"科目资金（来源于中央财政林业补助资金）的支持下，四川南河国家湿地公园管理处与成都理工大学生态资源与景观研究所合作开展了"四川南河国家湿地公园生态系统服务价值评估"项目研究，该课题研究历时4年。本书内容源于上述课题的研究成果的系统总结与归纳，研究的核心内容主要包括以下几部分：① 四川南河国家湿地公园生态系统服务价值构成及评估指标体系构建；② 四川南河国家湿地公园生态系统服务功能评价；③ 四川南河国家湿地公园生态系统服务价值评估过程及量化；④ 四川南河国家湿地公园生态系统服务价值评估定量评价；⑤ 四川南河国家湿地公园可持续发展与前景展望等。

本书由彭培好、刘贤安拟定大纲。全书共分十章，各章主要内容及具

2

体分工如下。

第一章：概述了湿地的相关基础理论知识，主要包括湿地定义、湿地分类、湿地功能等。由刘贤安、李鹏、王恋、彭扬、李景吉撰写完成。

第二章：阐述了城市湿地与湿地公园的相关理论知识，主要包括城市湿地的定义、特征及功能，湿地公园的定义、分类、功能及与其他湿地景观区的区别等。由王娟、夏小梅、贺岩、蒋黎、徐婷撰写完成。

第三章：综述了国内外有关生态系统、湿地生态系统、湿地公园三者在生态系统服务功能及价值评估方面的研究现状及进展等。由闫丽丽、王恋、夏小梅、贺岩、李鹏、彭扬、李景吉撰写完成。

第四章：简述了四川南河国家湿地公园生态系统服务价值评估的主要背景及意义，以及评估内容、方法及技术路线。由彭培好、刘贤安、王娟、闫丽丽、冯习义撰写完成。

第五章：介绍了四川南河国家湿地公园的自然地理、社会经济概况以及湿地公园的历史沿革等。由冯习义、文森正、蒋黎、邓国权、王毅、赵丹撰写完成。

第六章：提出了四川南河国家湿地公园生态系统服务功能及价值评估的理论依据及评估原则，构建了生态系统服务功能及价值评估框架、确定了价值评估指标体系及评估方法。由彭培好、刘贤安、冯习义、王娟、李景吉、夏小梅、王恋撰写完成。

第七章：阐述并评价了四川南河国家湿地公园的生态系统服务功能。由彭培好、冯习义、刘贤安、闫丽丽、蒋黎、邓国权撰写完成。

第八章：量化评估了四川南河国家湿地公园的生态系统服务价值。由刘贤安、闫丽丽、赵丹、邓国权、王毅、徐婷撰写完成。

第九章：评价分析了四川南河国家湿地公园的生态系统服务价值。由彭培好、刘贤安、闫丽丽、冯习义、文森正、贺岩、赵丹撰写完成。

第十章：综合阐述了四川南河国家湿地公园未来可持续发展前景、未来发展战略及发展方向。由彭培好、冯习义、刘贤安、王娟、闫丽丽撰写完成。

全书由刘贤安、彭培好负责统稿、校稿。书中图件由王毅、刘贤安、李鹏制作完成，统计表格由闫丽丽、刘贤安、王毅、王恋完成。

在项目研究与专著撰写过程中，得到了成都理工大学郭朝辉副校长、旅游与城乡规划学院高成刚书记、吴柏清副院长，广元市林业和园林局龚治名局长、肖治成副局长，四川南河国家湿地公园管理处各科室工作人员等的大力支持和帮助，在此一并致以诚挚的谢意！

本书在写作过程中参考了国内外大量的相关研究专著、教材、研究论文以及相关网站资料，在此我们表示衷心感谢。虽然作者试图在参考文献中全部列出并在文中标明出处，但由于资料是通过多种渠道搜集而来的，有些原作者或原始出处不详，难免有疏漏，如有不当之处敬请谅解。本书虽几易其稿，但不妥之处仍在所难免，我们诚挚希望各位同行专家和读者提出宝贵的意见。由于作者水平有限，对湿地公园生态系统服务价值评估的研究还有待深入，恳请诸位读者朋友批评指正！

本书中部分图片来自网络，由于暂时联系不到原作者，因此未标明出处，请相关作品的作者看到后与我们联系，即支付稿酬。

作 者

2016 年 10 月

目　录

第一章

湿地基础知识导则

第一节
湿地国际与湿地公约

1. 湿地国际

1995年10月，亚洲湿地局（AWB）、国际水禽湿地研究局（IWRB）、美洲湿地局（AW）三个国际组织宣布合并为一个新的国际组织，即"湿地国际（Wetlands International）"，并于1996年1月正式成立，这标志着湿地保护已从地区性组织发展成为全球性的国际组织，其宗旨是：通过在全球范围内开展研究、信息交流和湿地保护活动，维护和重建湿地，保护湿地资源和生物多样性，造福子孙后代（陈克林等，1997）。

湿地国际的建立凝聚了具有40多年历史的三个基础组织的力量和成就。这三个组织在《拉姆萨尔公约》的制定和技术支持中发挥着巨大作用，并在促进世界范围内主要地区湿地和湿地物种现状的评估、推动研究活动、采取保护措施、加强与政府和当地社区的合作方面开展了大量卓有成效的工作。湿地国际还通过传播信息资料，提高公众意识，开展培训活动和进行湿地管理社区协调项目的方式支持和促进地方、国家和国际的综合发展，促进了湿地保护和湿地资源持续利用行动计划的制订。湿地国际与一些国际公约（《拉姆萨尔公约》《波恩公约》和《生物多样性公约》）和其他国际组织（国际自然及自然资源保护联盟（IUCN）、世界自然基金会（WWF）、联合国开发计划署（UNDP）和联合国环境规划署（UNEP））有着紧密合作，进一步地促进了全球和地区性湿地保护项目的启动和实施（李禄康，2001）。

2. 湿地公约

20 世纪 70 年代初，由于人口的快速增长及人类对湿地认识的片面性，导致对湿地的破坏和不合理的开发利用，湿地面积急剧萎缩，自然特性不断丧失，生态价值不断下降，自然湿地的存在受到了严重挑战。在这种情况下，人类开始把关注的目光投向湿地保护。

1971 年，在国际自然及自然资源保护联盟（IUCN）、国际水鸟与湿地研究局（现在的湿地国际，IWRB）、国际保护鸟类理事会（现在的国际鸟类组织，ICBP）的推动下，来自 18 个国家的代表于当年 2 月 2 日在伊朗南部海滨小城拉姆萨尔签署了一个旨在保护和合理利用全球湿地的公约——《关于特别是作为水禽栖息地的国际重要湿地公约》（*Convention on Wetlands of International Importance Especially as Waterfowl Habitat*），简称《湿地公约》（陈克林，1995）。该公约于 1975 年 12 月 21 日正式生效，目前，《湿地公约》已有 169 个缔约方，中国于 1992 年加入该公约。公约主张以湿地保护和"明智利用"为原则，在不损坏湿地生态系统的范围内可持续利用湿地（2014）。该公约的主要作用是通过全球各国政府间的共同合作，以保护湿地及其生物多样性，特别是水禽和它赖以生存的栖息环境（陈克林，1995）。

《湿地公约》的宗旨是承认人类与环境的相互依存关系，通过协调一致的国际行动确保全球范围内作为众多水禽繁殖栖息地的湿地及其生物多样性得到良好的保护而不至于丧失，并通过各成员国之间的合作加强对世界湿地资源的保护及合理利用，以实现生态系统的持续发展。目前，《湿地公约》已成为国际重要的自然保护公约之一，截至 2014 年 1 月，已有 2171 块在生态学、植物学、动物学、湖沼学或水文学等方面具有独特意义的湿地被列入国际重要湿地名录，总面积约 2.07 亿 hm^2。我国自 1992 年加入湿地公约以来，现已指定国际重要湿地 49 块，总面积约 405 万 hm^2。

《湿地公约》签订后，国际湿地保护得到了极大的改善。但是，仅仅靠建立自然保护区或其他传统的自然保育措施远远不足以阻止湿地及其生态功能的退化，唯有在发挥湿地的环境功能过程中，对湿地的存在与自然演替施加积极主动的正面影响，才能遏制自然湿地的破坏与威胁。同时，除了对废、污水进行处理外，尚需根据其原自然湿地恢复或重建的原理营造湿地，这样才能有效地阻断能源污染向现有自然湿地的扩散，这也是湿地保护的有力措施之一。

为了提高人们保护湿地的意识，1996 年 3 月，《湿地公约》常务委员会第 19 次会议决定：从 1997 年起，将每年的 2 月 2 日定为"世界湿地日"；每年设定一个主题，大家围绕这个主题开展各种形式的宣传和纪念活动。

专栏 1-1　历年世界湿地日主题[①]

1997 年世界湿地日的主题："湿地是生命之源"。

1998 年世界湿地日的主题："水与湿地"。

1999 年世界湿地日的主题："人与湿地"。

2000 年世界湿地日的主题："庆祝我们的国际重要湿地"。

2001 年世界湿地日的主题："探索湿地世界"。

2002 年世界湿地日的主题："湿地，水、生命和文化"。

2003 年世界湿地日的主题："没有湿地就没有水"。

2004 年世界湿地日的主题："从高山之巅到大海之滨，湿地无处不在为我们服务"。

2005 年世界湿地日的主题："湿地文化多样性与生物多样性"。

2006 年世界湿地日的主题："湿地减贫的工具"。

2007 年世界湿地日的主题："湿地支撑渔业健康发展"。

2008 年世界湿地日的主题："健康的湿地，健康的人类"。

2009 年世界湿地日的主题："从上游到下游，湿地连着你和我"。

2010 年世界湿地日的主题："湿地、生物多样性与气候变化"。

2011 年世界湿地日的主题："森林与水和湿地息息相关"。

2012 年世界湿地日的主题："湿地与旅游"。

2013 年世界湿地日的主题："湿地和水资源管理"。

2014 年世界湿地日的主题："湿地与农业"。

2015 年世界湿地日的主题："湿地，我们的未来"。

2016 年世界湿地日的主题："湿地关乎我们的未来：可持续的生计"。

第二节
湿地定义

"湿地"一词译自英文 Wetland，由 Wet（潮湿）和 Land（土地）组成。

---

① 来自中国林业新闻网：http://www.greentimes.com。

由于湿地所处的环境的复杂性，关于湿地的定义有许多种。不同的国家、地区，甚至不同的部门考虑到本地区湿地的独特性和复杂性，对湿地的理解及定义都有着各自不同的解释。世界上对于湿地的研究从 20 世纪初期到现在已有 100 多年的历史，各领域的专家学者从不同角度出发研究湿地，已提出了近 60 种定义（杨永兴，2002）。湿地有了这么多丰富而有针对性的概念，使得湿地科学的视野逐渐宽广，研究范围也更加宽阔。

1. 国外有关定义

1956 年，美国鱼类和野生动物管理局（FWS）出版的《美国的湿地》报告集中提出："湿地是指被浅水或有时被暂时性或间歇性积水覆盖的低洼地"，这也是国际上最早提出的关于湿地的定义。匡耀求等（2005）认为该定义强调湿地作为水禽生境的重要性，但不包括河流、水库和深水湖泊等稳定水体，对水深也未作规定。1979 年，美国为了对湿地和深水生态环境进行分类，FWS 对湿地内涵进行了重新界定，认为"湿地是陆地生态系统和水生生态系统之间的过渡地带，该地带水位经常存在或接近地表，或者为浅水所覆盖……"（Cowardin et al.，1979；崔保山等，2006）。同时认为湿地必须至少具备以下三个特征之一：（1）水生植物占优势，至少是周期性地占优势；（2）基底以排水不良的水成土为主；（3）若土层为非土壤，则至少在生长季节部分时间里被水浸或水淹。该定义包含了对植被、土壤、水位的界定，适用于科研应用，被美国湿地学界广泛接受。

1977 年，美国军人工程师协会把湿地定义为："湿地是指那些地表水和地面积水浸淹的频度和持续时间很充分，能够供养适应于潮湿土壤植被的区域。湿地通常包括草本沼泽、灌丛沼泽、苔藓泥炭沼泽，以及其他类似区域。"这一定义主要是为了便于在法律和管理中应用，概念中只给出了植被这个单一指标（崔保山等，2006；葛继稳，2007）。

Mitsch 等（1986）在《湿地》一书中将湿地定义为："湿地是指介于纯陆地生态系统与纯水生生态系统之间的生态环境，不同于相邻的陆地与水体环境，又高度依赖相邻的陆地与水体环境。"这是从自然地理学角度出发给湿地作出的定义。

加拿大国家湿地工作组把湿地定义为："湿地系指被水淹或地下水接近地表，或浸润时间足以促进湿成或水成过程，并以水成土壤、水生植被和适应湿生环境的生物活动为特征的土地。"这一定义强调了潮湿的土壤、水生植物和多种生物活动（National Wetlands Working Group，1988）。1987

年在加拿大埃德蒙顿国际湿地与泥炭研讨会上，加拿大学者把湿地定义为：
"湿地是一种土地类型，其主要标志是土壤过湿、地表积水（但水深不超过
2米，有时含盐量高）、土壤为泥炭土或潜育化沼泽土，并生长有水生植物。
水深超过2米的，因无挺水植物生长，则算作湖泊水体。"这一定义提出了
水深不超过2米的指标（National Wetlands Working Group，1988；葛继稳，
2007）。

英国 Loyd 等（1993）将湿地定义为："一个地面受水浸润的地区，具
有自由水面，通常是常年积水或季节性积水，但也有可能在有限时间内没
有积水。自然湿地的主要控制因子是气候、地质和地貌条件，人工湿地还
有其他控制因子。"该定义强调了水分和土壤，未强调植被这一指标（Mitsch
et al.，1986；葛继稳，2007；崔保山等，2006）。

1995年，美国农业部把湿地定义为："湿地是一种土地：（1）具有一种
优势的水成土壤；（2）经常被地表水或地下水淹没或饱和，生长有适于饱
和土壤水环境的典型水生植被；（3）在正常情况下，生长有一种典型植被。"
这一定义强调了水成土壤和典型植被，是一个基于农业的湿地定义（崔保
山等，2006）。

日本学者认为："湿地的主要特征首先是潮湿，其次是地面水位高，三
是至少一年中的某个时间段土壤里的水分处于饱和状态，土壤渍水导致特
征植被发育。"这一定义强调了水位、土壤及特征植被。

2. 国内有关定义

我国对湿地的研究起步较晚，早期的湿地研究主要以沼泽为主。20世
纪80年代以来，我国对湿地的形成过程进行研究，20世纪90年代对湿地
的研究进入迅速发展阶段。

1987年《中国自然保护纲要》中，首次提出了湿地的概念"沼泽和滩
涂合称为湿地"。徐琪（1989）提出，凡是受地下水与地表水影响的土地均
可理解为湿地。

1991年出版的《环境科学大辞典》中将湿地定义为：湿地是指陆地和
水域的过渡地带，包括沼泽、滩涂、湿草地等，也包括低潮时水深不超过6
米的水域，具有净化水源、蓄洪抗旱、促淤保滩、提供野生生物良好的栖
息地等功能（《环境科学大辞典》编辑委员会，1991）。中国科学院地理研
究所佟凤勤等（1995）提出了一个较完整的湿地定义：陆地上常年或季节
性积水（水深2米以内、积水期达4个月以上）和过湿的土地，并与其生

长、栖息的生物种群构成的独特生态系统。这一概念强调了积水、过湿的土地及生物群落。陆健健（1996）参照《湿地公约》及其他国家的湿地定义，把我国的湿地定义为：陆缘为含 60%以上的湿生植物的植被区，水缘为海平面以下 6 米的近海区域，包括内陆与外流江河流域中自然的或人工的，咸水的或淡水的所有富水区域（枯水期水深 2 米以上的水域除外），不论区域内水是流动的还是静止的、间歇的还是永久的。王宪礼等（1997）通过对国内外湿地定义的分析，提出了构成湿地的三个基本要素：（1）以水的出现为标准；（2）通常具有独特的土壤，但与高地相区别；（3）提供能够适应潮湿环境的水生生物，并将湿地定义为：湿地是指那些地表水和地面积水浸淹的频度和持续时间很充分，在正常环境条件下能够供养那些适应于潮湿土壤的植被的区域，通常包括灌丛沼泽、腐泥沼泽、苔藓泥炭沼泽以及其他类似的区域。关于湿地植被、土壤和水文特征的判定一般采用以下标准：（1）必须有 50%以上的生物物种为水生或适于水生生境；（2）土壤为水成土壤或者表现出还原环境的特征；（3）常年或季节性水浸，平均积水深度小于或等于 6.6 英尺（约 2 米）且有挺水或木质植物生长。

吕宪国（2002）对湿地概念进行了界定：湿地是分布于陆地系统和水体系统之间、由陆地系统和水体系统相互作用形成的自然综合体，湿地具有的特殊性质——地表积水或土壤饱和、淹水土壤、厌氧条件和适应湿生环境的动植物——是湿地系统既不同于陆地系统也不同于水体系统的本质特征。他的定义中更多强调了湿地的水陆过渡性。杨永兴（2002）把湿地定义为：湿地是一类既不同于水体，又不同于陆地的特殊过渡类型生态系统，为水生、陆生生态系统界面相互延伸扩展的重叠空间区域。湿地应该具有 3 个突出特征：① 湿地地表长期或季节处在过湿或积水状态；② 地表生长有湿生、沼生、浅水生植物（包括部分喜湿盐生植物），且具有较高生产力，生活湿生、沼生、浅水生动物和适应该特殊环境的微生物类群；③ 发育水成或半水成土壤，具有明显的潜育化过程。《中国湿地与湿地研究》一书中，将湿地定义为：湿地是指一类在生态性质上介于水生和陆生生态系统之间，由于常年或周期性的水分潴积或过度湿润，造成基底的嫌气性条件，维持绿色高等水生或湿生植物群落长期赋存的土地（吕宪国等，2008）。这一概念更多地强调了湿地的本质属性，明确了湿地概念的内涵和外延。

我国各地区对湿地的定义也有所不同。2003 年黑龙江出台了中国第一部关于湿地的保护法规《黑龙江省湿地保护条例》，该法规中将湿地描述为：

是指自然形成的具有调节周边环境功能的所有常年或季节性积水地段，包括沼泽地、泥炭地、河流、湖泊及洪泛平原等，并经过认定的地域（李艳岩，2008）。随后江西省颁布了《江西省鄱阳湖湿地保护条例》，将湿地描述为：是指天然形成的具有调节周边生态环境功能的水域、草洲、洲滩、岛屿等（刘小春，2012）。此外，甘肃、湖南、四川等省也都出台了有关湿地的保护条例，都对湿地进行了阐述。

以上专家学者对湿地的表述，有助于理解《关于特别是作为水禽栖息地的国际重要湿地公约》中对湿地的定义内涵。

3.《湿地公约》中的定义

1971 年，18 个国家的代表在伊朗拉姆萨尔签署并通过了《关于特别是作为水禽栖息地的国际重要湿地公约》（以下简称《湿地公约》），该公约第一条第一款对湿地作了明确界定："湿地，系指不问其为天然或人工、长久或暂时之沼泽地、湿原、泥炭地或水域地带，带有或静止或流动、或为淡水、半咸水或咸水水体者，包括低潮时水深不超过六米的水域。"同时又规定："可包括邻接湿地的河湖沿岸、沿海区域以及湿地范围的岛域或低潮时水深不超过六米的水域。"根据该定义，湿地的范围极为广泛，不仅包括了河流以及洪泛平原、滩涂、红树林、河口、淡水沼泽、湖泊、盐沼及盐湖等天然湿地，而且还包括了稻田、水渠、水库、污水处理用地等人工湿地（葛继稳，2007；崔保山等，2006）。

虽然《湿地公约》中的定义与各国的湿地定义不尽相同，但构成了基本框架。《湿地公约》对湿地的定义，目前已成为各国学者效法的概念。

4. 广义与狭义的湿地定义

基于上述国内外湿地定义来看，湿地定义可分为广义与狭义两种。广义上的湿地泛指地表过湿或有积水的地区，包括水下和水面已无植物生长的明水面（水库与湖泊）和大型江河的主河道；狭义上湿地则指有喜湿生物栖息活动、地表常年或季节积水、土层严重潜育化 3 个条件并存的地域（Henry，1995）。广义的湿地定义所包含的湿地范围比较广，有利于管理部门划定湿地管理边界，有效地保护湿地免受人为破坏；狭义的定义则更强调湿地的生物、土壤和水文之间的彼此作用，反映了湿地生物多样性的典型特征，但却不利于湿地的保护与管理（葛继稳，2007）。

《湿地公约》所采用的是广义的湿地定义，正如上述介绍的，广义的定义有利于湿地的保护和管理，因此目前各国大多数都采用《湿地公约》中的定义，以有效保护和管理好宝贵的湿地资源。

第三节
湿地分类

湿地分类在湿地科学的研究中是一个非常基础、重要的问题。湿地因其范围广、种类多，不同国家和地区、不同研究方向和需求对于湿地类型的理解各不相同。与湿地的定义相似，国际上没有一个统一的湿地分类标准。各国、各领域的专家学者也都针对各自的研究目的、背景等，提出了众多不同的湿地分类系统及方法，如湿地成因分类法、特征分类法、综合分类法等（李炳玺，2002）。

1. 国外湿地分类

最早的湿地分类开始于 1900 年左右，此时的湿地分类体系仅包括一些一般的湿地类型，如河流沼泽、间歇和永久沼泽、定期泛滥地和湖沼等（唐小平等，2003）。从 20 世纪初至今，不同国家和地区根据研究的实际需求提出了各自不同的湿地分类体系。

20 世纪 50 年代，美国鱼类和野生动物保护局首先将全国湿地分为内陆淡水区域、内陆咸水区域、海滨咸水区域和海滨淡水区域，再根据水深、植被等指标进一步划分了 20 个基本类型。Mitsch 等（1986）采用"系统、亚系统、类、亚类、主体型、特殊体" 6 级分类系统将美国湿地划分为 5 个系统、10 个亚系统和 55 个类。Cowardin 等（1979）依据湿地特征提出了湿地分类体系，该体系根据相似的水文、化学、地貌和生物因子把湿地和深海生境划分为海洋、河流、湖泊、河口、沼泽五大系统。Brinson 等（1993）依据湿地的功能提出了水文地貌分类方法，该方法把水文、地貌和水动力特征看成湿地重要的属性，并将其归入相应的功能湿地类中（吴辉等，2007）。美国湿地分类体系中尤以后两者最为典型，具有一定的代表性。

1987 年，加拿大国家湿地工作组从 Jeglen 等的工作中总结出了一套分级结构形式的湿地分类系统，将湿地划分为"湿地类、湿地型、湿地体"

三级系统。其中湿地类作为分类系统中的最高级别，根据其湿地生态系统的综合成因，又将湿地划分为 5 大类，包括藓类沼泽湿地、湿原、森林沼泽、河湖滨湿地或草本沼泽、浅水湿地；湿地型作为分类系统中的中级分类单位，根据其沼泽湿地表面形态、模式、水源补给类型和土壤形状等特征将湿地划分成了 70 个湿地型；湿地体是该分类体系的基本单位，其划分依据是根据湿地优势植物外貌进行划分的（National Wetlands Working Group，1987；Glooschenko，1993；唐小平等；2003；葛继稳，2007）。

1978 年，Heikurainen 和 Pakarinen 联合提出了芬兰泥炭沼泽分类系统，把芬兰的泥炭沼泽分成了"泥炭沼泽组、基本类型"两级，其中，泥炭沼泽组划分为硬木云杉泥炭沼泽、松林泥潭沼泽和无林泥炭沼泽三类，根据优势树种及有无树木情况再进行了基本类型的划分，包括 40 个基本类型（Jukka，1982；邓龙等，2006）。

另外，国外其他少数国家也提出了一些湿地分类方法，如澳大利亚采用 Paijmans 分类系统，根据水文、植被特征将全国湿地划分为"类、级、亚级"三个层次（Finlayson，1995）。在此基础上，根据不同地理区位，澳大利亚各区域又细化了分类体系，如南部形成了湿地植被分类系统，北部形成了湿地植被和地理学分类系统、昆士兰湿地分类系统等（唐小平等，2003）。

2. 国内湿地分类

我国早期的湿地研究中主要针对沼泽和沿海滩涂。郎惠卿等（1983）、马学慧等（1991）将沼泽湿地按照类、亚类和组将其分为泥炭沼泽和潜育沼泽两大类，泥炭沼泽根据营养化程度分成富营养、中营养和贫营养 3 类，再根据植被生态型划分为半沼泽、沼泽和半水生 3 个亚类，亚类之下按植物群落划分为组。李中濠等（1991）根据水源补给、地貌类型、水动力条件和生物优势种群，将海岸带滩涂湿地划分为潮上带、潮间带、潮下带 3 个湿地类和若干湿地自然与人工综合体。

后期湿地研究中，湿地分类扩展到了湖泊、河流、河滩及滩涂、稻田及人工湿地等。王飞等（1990）把我国湿地划分为四种类型，包括沼泽、浅水湖和湖滩、浅水河和河滩及滩涂。陆健健（1990）根据《湿地公约》中湿地定义，在《中国湿地》中将中国湿地分成了 22 个类型，后来又在《湿地生态学》中分为 3 大类、41 小类。袁正科等（1994）根据"湿地形成原因控制湿地一级分类单元、分布特点控制湿地二级分类单元、水文状况控制湿地分类三级单元"将湖泊湿地分成湿地类型组、类和类型 3 类。徐琪等（1995）提出按"族、组、类、型"划分的湿地分类系统，将中国湿地划分为自然湿地和人工湿地两个族，族下根据植被群落和土壤属性的差异又将湿地划分为 9 个组，组以下划分为 27 个类及若干基本型。赵魁义等对我国湿地按照"系统、亚系统、类、型"四级进行了湿地划分，该分类系统是目前国内较全面、详细的等级分类系统。其中，系统等级根据湿地综合成因差异划分为沼泽、湖滨、河滩海缘、自然湿地、人工湿地 5 个系统；根据地貌类型的差异进一步分为 15 个亚系统；亚系统之下则根据土壤基质等分成若干类；根据植物建群种的差异又将类细分为若干基本类型（邓龙等，2006）。

1999 年在云南省昆明市召开的全国湿地资源调查工作会议上，《全国湿地资源调查与监测技术过程》中将全国湿地划分为 5 大类、28 种类型。在全国开展第二湿地资源调查初期，为进一步完善《全国湿地资源调查与监测技术规程》，国家林业局于 2009 年 1 月 12 日以林湿发〔2008〕265 号文件下发了《全国湿地资源调查技术规程（试行）》，该规程中将全国湿地类型划分为 5 类 34 型。

专栏 1-2　《全国湿地资源调查技术规程（试行）》中湿地类型划分标准

1　近海与海岸湿地

101　浅海水域：浅海湿地中，湿地底部基质由无机部分组成，植被盖度小于 30% 的区域，多数情况下低潮时水深小于 6 m。浅海水域包括海湾、海峡。

102　潮下水生层：海洋潮下，湿地底部基质为有机部分组成，植被盖度不小于 30%，包括海草层、海草、热带海洋草地。

103　珊瑚礁：基质由珊瑚聚集生长而成的浅海湿地。

104　岩石海岸：底部基质 75% 以上是岩石和砾石，包括岩石性沿海岛屿、海岩峭壁。

105　沙石海滩：由砂质或沙石组成的，植被盖度小于 30% 的疏松海滩。

106　淤泥质海滩：由淤泥质组成的植被盖度小于 30% 的淤泥质海滩。

107　潮间盐水沼泽：潮间地带形成的植被盖度不小于 30% 的潮间沼泽，包括盐碱沼泽、盐水草地和海滩盐沼。

---

108 红树林：以红树植物为主组成的潮间沼泽。

109 河口水域：从近口段的潮区界（潮差为零）至口外海滨段的淡水舌锋缘之间的永久性水域。

110 三角洲/沙洲/沙岛：河口系统四周冲积的泥/沙滩，沙州、沙岛（包括水下部分）植被盖度小于30%。

111 海岸性咸水湖：地处海滨区域有一个或多个狭窄水道与海相通的湖泊，包括海岸性微咸水、咸水或盐水湖。

112 海岸性淡水湖：起源于泻湖，与海隔离后演化而成的淡水湖泊。

2 河流湿地

201 永久性河流：常年有河水径流的河流，仅包括河床部分。

202 季节性或间歇性河流：一年中只有季节性（雨季）或间歇性有水径流的河流。

203 洪泛平原湿地：在丰水季节由洪水泛滥的河滩、河心洲、河谷、季节性泛滥的草地以及保持了常年或季节性被水浸润内陆三角洲所组成。

204 喀斯特溶洞湿地：喀斯特地貌下形成的溶洞集水区或地下河/溪。

3 湖泊湿地

301 永久性淡水湖：由淡水组成的永久性湖泊。

302 永久性咸水湖：由微咸水/咸水/盐水组成的永久性湖泊。

303 季节性淡水湖：由淡水组成的季节性或间歇性淡水湖（泛滥平原湖）。

304 季节性咸水湖：由微咸水/咸水/盐水组成的季节性或间歇性湖泊。

4 沼泽湿地

401 藓类沼泽：发育在有机土壤的、具有泥炭层的以苔藓植物为优势群落的沼泽。

402 草本沼泽：由水生和沼生的草本植物组成优势群落的淡水沼泽。

403 灌丛沼泽：以灌丛植物为优势群落的淡水沼泽。

404 森林沼泽：以乔木森林植物为优势群落的淡水沼泽。

405 内陆盐沼：受盐水影响，生长盐生植被的沼泽。以苏打为主的盐土，含盐量应大于0.7%；以氯化物和硫酸盐为主的盐土，含盐量应分别大于1.0%、1.2%。

406 季节性咸水沼泽：受微咸水或咸水影响，只在部分季节维持浸湿或潮湿状况的沼泽。

407 沼泽化草甸：为典型草甸向沼泽植被的过渡类型，是在地势低洼、排水不畅、土壤过分潮湿、通透性不良等环境条件下发育起来的，包括分布在平原地区的沼泽化草甸以及高山和高原地区具有高寒性质的沼泽化草甸。

408 地热湿地：由地热矿泉水补给为主的沼泽。

409 淡水泉/绿洲湿地：以露头地下泉水补给为主的沼泽。

5 人工湿地

501 库塘：为蓄水、发电、农业灌溉、城市景观、农村生活为主要目的而建造的，面积不小于 0.08 km^2 的蓄水区。

502 运河、输水河：为输水或水运而建造的人工河流湿地，包括以灌溉为主要目的的沟、渠。

503 水产养殖场：以水产养殖为主要目的而修建的人工湿地。

504 稻田/冬水田：能种植一季、两季、三季的水稻田，或者冬季蓄水或浸湿的农田。

505 盐田：为获取盐业资源而修建的晒盐场所或盐池，包括盐池、盐水泉。

近些年，我国部分省份也提出了各自不同的湿地分类体系。唐小平等（2003）在研究中采用分级分类的方法将辽河三角洲分为 4 级、22 种类型。李桂荣等（2007）参考《湿地公约》和《全国湿地资源调查与监测技术规程》将广西湿地分为 4 级、29 种类型，其中Ⅰ级分为人工湿地和天然湿地两类，Ⅱ级 9 类，Ⅲ级 13 类，Ⅳ级 29 类。姜芸等（2007）参照《湿地公约》将湖南省湿地划分为天然湿地和人工湿地两大系统、四大类别、18 种类型。张海燕等（2008）根据《湿地公约》和《全国湿地资源调查与监测技术规程》将河北省湿地分为五大类、19 种类型。

3.《湿地公约》中的湿地分类

目前，对湿地分类研究影响比较大且广为接受的主要是《湿地公约》中的湿地分类系统（Finlayson et al., 1995）。该系统是一个全球范围内的湿地分类系统，目的是向《湿地公约》各缔约方提供一个简单的方法或参照，来描述具有重要国际意义的湿地，以及使各缔约方能够制定和执行本国的规划，以便在本国领土内促进对《湿地公约》下具有重要国际意义的湿地清单所开列湿地的保护，并尽量明智地利用这些湿地。《湿地公约》中的湿地分类系统尽管是一个针对具有国际意义的湿地制定的全球系统，但当前正在越来越多地被用作对国家一级的湿地组合进行分类的依据。《湿地公约》中湿地分类系统仅仅提供了一个宽泛的框架，以便迅速地确定每个湿地代表的主要湿地栖息地。

《湿地公约》中将湿地划分为"海洋/海岸湿地、内陆湿地、人工湿地"三大类，并对每大类进行了细分，共 42 个湿地类型（唐小平等，2003；崔保山，2006；陆健健，2006；葛继稳，2007）。

专栏 1-3 《湿地公约》的湿地分类系统

天然湿地

（一）海洋/海岸湿地

A—永久性浅海水域：多数情况下低潮时水位低于 6 m，包括海湾和海峡。

B—海草层：包括潮下藻类、海草、热带海草植物生长区。

C—珊瑚礁：珊瑚礁及其邻近水域。

D—岩石性海岸：包括近海岩石性岛屿、海边峭壁。

E—沙滩、砾石与卵石滩：包括滨海沙洲、海岬以及沙岛、沙丘及丘间沼泽。

F—河口水域：河口水域和河口三角洲水域。

G—滩涂：潮间带泥滩、沙滩和海岸其他咸水沼泽。

H—盐沼：包括滨海盐沼、盐化草甸。

I—潮间带森林湿地：包括红树林沼泽和海岸淡水沼泽森林。

J—咸水、碱水泻湖：有通道与海水相连的咸水、碱水泻湖。

K—海岸淡水湖：包括淡水三角洲泻湖。

ZK（a）—海滨岩溶洞穴水系：滨海岩洞穴。

（二）内陆湿地

L—永久性内陆三角洲：内陆河流三角洲。

M—永久性的河流：包括河流及其支流、溪流、瀑布。

N—时令河：季节性、间歇性、定期性的河流、溪流、瀑布。

O—湖泊：面积大于 $0.08\ km^2$ 永久性淡水湖，包括大的牛轭湖。

P—时令湖：大于 0.08 km^2 的季节性、间歇性的淡水湖，包括漫滩湖泊。

Q—盐湖：永久性的咸水、半咸水、碱水湖及其浅滩。

R—内陆盐沼：永久性的咸水、半咸水、碱水沼泽与泡沼。

Sp—时令碱、咸水盐沼：季节性、间歇性的咸水、半咸水、碱性沼泽、泡沼。

Ss—永久性的淡水草本沼泽、泡沼：草本沼泽及面积小于 0.08 km^2 的泡沼，无泥炭积累，大部分生长季节伴生浮水植物。

Tp—泛滥地：季节性、间歇性洪泛地，湿草甸和面积小于 0.08 km^2 的泡沼。

Ts—草本泥炭地：无林泥炭地，包括藓类泥炭地和草本泥炭地。

U—高山湿地：包括高山草甸、融雪形成的暂时性水域。

Va—苔原湿地：包括高山苔原、融雪形成的暂时性水域。

Vt—灌丛湿地：灌丛沼泽、灌丛为主的淡水沼泽，无泥炭积累。

W—淡水森林沼泽：包括淡水森林沼泽、季节泛滥森林沼泽、无泥炭积累的森林沼泽。

Xf—森林泥炭地：泥炭森林沼泽。

Xp—淡水泉及绿洲。

Y—地热湿地：温泉。

Zg—内陆岩溶洞穴水系：地下溶洞水系。

注："漫滩"是一个宽泛的术语，指一种或多种湿地类型，可能包括 R、Ss、Ts、W、Xf、Xp 或其他湿地类型的范例。漫滩的一些范例为季节性淹没草地（包括天然湿草地）、灌丛林地、林地和森林。漫滩湿地在此作为一种具体的湿地类型。

人工湿地

（三）人工湿地

1—水产池塘：例如鱼、虾养殖池塘。

2—水塘：包括农用池塘、储水池塘，一般面积小于 0.08 km^2。

3—灌溉地：包括灌溉渠系和稻田。

4—农用泛洪湿地：季节性泛滥的农用地，包括集约管理或放牧的草地。

5—盐田：晒盐池、采盐场等。

6—蓄水区：水库、拦河坝、堤坝形成的一般大于公顷的储水区。

7—采掘区：积水取土坑、采矿地。

8—废水处理场所：污水场、处理池、氧化池等。

9—运河、排水渠：输水渠系。

Zk（c）—地下输水系统：人工管护的岩溶洞穴水系等。

第四节
湿地功能

湿地是人类最重要的环境资本之一，也是自然界富有生物多样性和较高生产力的生态系统，湿地的水陆过渡性使环境要素在湿地中的耦合和交汇作用复杂化，它对自然环境的反馈作用是多方面的。它为人类提供了大量如食物、原材料和水资源等生产资料和生活资料，具有巨大的生态、经济、社会功能。它能抵御洪水、调节径流、控制污染、消除毒物、净化水质，是自然环境中自净能力很强的区域之一，它对保护环境、维护生态平衡、保护生物多样性、蓄滞洪水、涵养水源、补充地下水、控制土壤侵蚀、保墒抗旱、净化空气、调节气候等起着极其重要的作用。

1）物质生产

湿地由于处于水陆过渡带，既有来自水陆两相的营养物质，又有与陆地相似的阳光、温度和气体交换条件，因而具有较高的生物生产力，为社会经济发展提供重要的物质基础。湿地生态系统能够为人类提供水稻、肉类、莲、藕、菱、芡及浅海水域的一些鱼、虾、贝、藻类等富有营养的农产品及副食品；有些湿地动植物还可以入药；有许多动植物还是发展轻工业的重要原材料，如芦苇就是重要的造纸原料。

2）旱涝调蓄

湿地含有大量持水性良好的泥炭土、植物及质地黏重的不透水层，能贮存大量水分，是巨大的生物蓄水库，能在短时间内蓄积洪水，然后用较长的时间将水排出。由于湿地土壤具有的特殊水文物理性质，湿地因此具有超强的蓄水性和透水性，能消解外力带来的巨大能量，降低其危害程度，被称为蓄水防洪的天然"海绵"。许多湿地地区是地势低洼地带，与河湖相连，在暴雨和河流涨水期将过量的水分存储起来，均匀地缓慢释放，减弱危害下游的洪水；在干旱季节和降水时空分配不均的情况下，湿地可将洪水期间容纳的水量向周边地区和下游排放，防旱功能十分显著，因此在控制洪水、调节河川径流、维持区域水平衡中发挥着重要作用。

3）提供资源及能源

湿地是人类发展工、农业生产用水和城市居民生活用水的主要来源。我国众多的沼泽、溪流、河流、湖泊和水库在输水、储水和供水方面发挥着巨大效益，其他湿地如泥炭沼泽森林可以成为浅水水井的主要水源，湿地水资源补给过程体现在当湿地水渗入到地下，地下蓄水层中的水就会得到补充，湿地水就变成浅层地下水不可分割的一部分，湿地水与地下水的交互作用，使得地下水得到维持，水在地下的运动和迁移，一部分湿地水可以最终流至深层地下水系统，成为长期潜在的水资源。

湿地不但是重要的水资源储存库，而且是众多矿物资源的集结地。湿地中有各种矿砂和盐类资源，可以为人类社会工业经济的发展提供食盐、天然碱、石膏等多种工业原料，以及硼、锂等多种稀有金属矿藏；中国一些重要油田，大都分布在湿地区域，湿地的地下油气资源开发利用，在国民经济中意义重大。此外，湿地能提供多种能源，湿地通过航运、电能为人类文明和进步作出了巨大贡献，如中国约有的 10 万千米的内河航道，内陆水运承担了大约 30%的货运量。

4）降解污染及净化水质

许多自然湿地生长着的湿地植物、微生物，通过物理过滤、生物吸收和化学合成与分解等把人类排入湖泊、河流等湿地的有毒有害物质降解和转化为无毒无害甚至有益的物质，湿地在降解污染和净化水质上的强大功能使其被誉为"地球之肾"。

湿地降解污染的功能主要体现在植物净水和水质净化两方面，包括物理净化和生物净化两大类型。物理净化过程主要是悬浮物的吸附和沉降，生物净化过程是营养物和有毒物质的移出和固定。湿地中的植被有助于减缓水流速度，从而利于固体悬浮物的吸附和沉降。随着悬浮物的沉降，其所吸附的氮、磷、有机质及重金属等污染物也随之从水体中沉降下来。一部分营养物会与沉积物结合在一起，随着沉积物同时沉降，营养物沉降之后通过湿地植物的吸收、化学和生物学过程的转移而储存起来。湿地中许多水生植物，如挺水、浮水和沉水植物，它们能够很好地富集、降解有毒物质和有机污染物，其过程包括附着、吸收、积累、降解。据估计，湿地植物体内组织中富集的重金属，浓度比水中高出 10 万倍以上。

5）保护生物及遗传多样性

湿地蕴藏着丰富的动植物资源，湿地植被具有种类多、生物多样性丰富的特点，许多自然湿地为湿地动物、湿地植物、多种珍稀濒危野生动植物，特别是水禽提供了必需的栖息、迁徙、越冬和繁殖场所。据统计，全球湿地仅占地球表面面积的 6%，却为世界上 20% 的生物提供了生境；我国湿地面积约占国土面积的 5%，却为约 50% 的珍稀鸟类提供了栖息场所。此外，湿地对物种保存和保护物种多样性具有重要作用，对维持野生物种种群的存续，筛选和改良具有商品价值的物种，均具有重要意义。如果没有保存完好的自然湿地，许多野生动植物将无法完成其生命周期，湿地生物多样性将失去栖身之地。同时，自然湿地为许多物种保存了基因特性，使得许多野生动植物能在不受干扰的情况下生存和繁衍。因此，湿地当之无愧地被称为生物超市和物种基因库。

6）调节气候

湿地通过诱发降雨和增加地下水供应而具有调节区域气候的功能，湿地的水分蒸发和植被叶面的水分蒸腾，使得湿地和大气之间不断地进行能量和物质的交换，并保持局域的空气湿度和降雨量，对周边地区的气候调节具有明显的作用。湿地中的一些植物还可以吸收空气中的有害气体、滞尘除菌、降解空气粉尘污染，从而起到净化空气的作用。由于湿地水分过饱和及厌氧的生态特性，因此积累了大量的碳源；湿地中的微生物活动相对较弱，土壤吸收及释放二氧化碳、植物残体分解释放二氧化碳等过程十分缓慢，因而形成了富含有机质的湿地土壤和泥炭层，起到固定碳源的作用，形成了一个巨大的碳汇，对调节大气中的二氧化碳浓度具有重要的作用。

7）休闲旅游

湿地具有自然观光、旅游、娱乐等美学方面的功能和巨大的景观价值。长期以来，湿地凭借其特有的资源优势和环境优势，一直以来都是人类居住、休憩和娱乐的理想场所，是人类社会文明传承和进步的发祥地。我国许多重要的旅游风景区都分布在湿地地区或离不开湿地环境的映衬，如九寨沟旅游景区等，这些景区壮观秀丽的自然景色使其成为生态旅游和疗养的胜地。城市水体在美化环境、为居民提供娱乐休憩空间方面有着重要的社会效益。

8）科研及科普宣教

湿地具有较高的科学研究价值，湿地丰富的野生动植物资源和遗传基因等为教育和科学研究提供了研究对象和实验基地；湿地保留的过去和现在的生物、地理、环境等方面的演化进程信息，具有十分重要和独特的研究价值；有些湿地还保留了具有宝贵历史价值的物质和非物质文化遗址，是历史文化研究的重要场所。此外，湿地在科普宣教方面也发挥着十分重要的作用。

湿地的科普教育引导人们了解湿地、关注湿地、热爱湿地，促进公众的湿地保护意识，提高湿地保护管理的能力。

专栏 1-4　发育在流域不同部位的湿地之生态服务功能

湿地是地球上水陆相互作用形成的独特生态系统，是重要的生存环境和自然界最富生物多样性的景观之一，在抵御洪水、调节径流、补充地下水、改善气候、控制污染、美化环境和维护区域生态平衡等方面有着其他系统所不能替代的作用。湿地总是默默无闻地为人类提供多种服务，人类的生产和生活都离不开湿地。

发育在流域不同部位的湿地（见图 1-1），其生态服务功能是不同的。

独立的湿地：水禽觅食及其筑巢的栖息地，提供陆地及湿地物种生境，缓冲洪水，有利于沉积物及营养物质吸收、转化及沉积，具有景观美学意义。

湖滨湿地：除了具有上述作用外，还具有去除流域内流水体的沉积物和营养物功能，同时也是鱼类孵化产卵区。

河滨湿地：除了具有独立湿地服务功能外，还具有沉积物控制、稳定河岸以及洪水疏导功能。

河口、近海及海岸湿地：除了具有独立湿地的服务功能外，还可提供鱼类、甲壳类动物栖息地及产卵区，提供海洋鱼类的营养物，防止风暴潮的侵蚀。

岛屿湿地：提供沙生物种生境，防止高能波的侵蚀，具有景观美学意义。

泥炭沼泽：特别是贫营养泥炭沼泽还有一种特殊功能，即防腐保鲜功能。埋没在泥炭层中的人与动物的尸体能完好保存数百年，甚至数千年。泥炭中埋藏数千年的树木仍可制作家具。

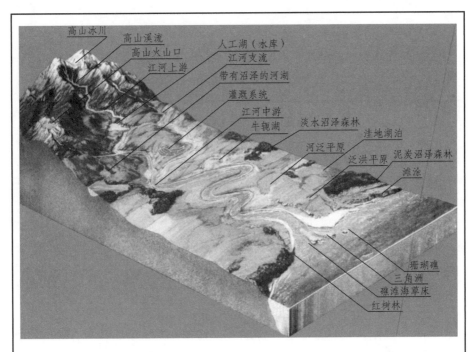

图 1-1　发育在不同部位的湿地（赵学敏，2005）（彩图见书后插图）

第二章

城市湿地与湿地公园概述

城市湿地是城市生态系统中的重要组成部分，在维护城市生态系统平衡，改善城市生态环境，为城市居民提供休闲娱乐和保护生物多样性等方面具有重要功能；但是，由于城市化的不断发展和城市人为干扰的不断增强，城市湿地面积不断萎缩，景观结构和景观功能不断改变，有效保护和合理利用城市湿地成为当前世界各国面临的一个紧迫任务。

湿地公园具有维持湿地系统内部生物多样性、保护湿地生态、开展生态观光旅游、科普教育和湿地研究等多种功能，是湿地保护的有效途径之一，科学合理地规划建设和管理湿地公园具有极为重要的社会、经济和生态意义。因此，世界各国湿地公园建设越来越受到重视。

第一节
城市湿地概述

1. 城市湿地的定义

城市湿地作为科学名词出现于 20 世纪后期，到目前为止，对城市湿地尚未有明确清晰的定义。

孙广友等（2004）认为：城市湿地是分布于城市（镇）的湿地。王建华等（2007）认为：城市湿地是指城市水域之内的海岸与河口、河岸、浅水湖泊、水源保护区、自然和人工池塘以及污水处理厂等具有水陆过渡性质的生态系统。温亚利等（2008）认为：城市湿地是分布在城市范围内的、符合《湿地公约》中湿地类型的、有助于城市可持续发展目标实现的、属于城市生态系统组成部分的天然、近天然或人工水陆过渡生态系统。滕广（2012）将城市湿地定义为：城市及其周边地区被浅水或暂时性积水所覆盖的低地，有周期性的水生植物生长，基质以排水不良的水成土为主，是城市排毒养颜的"肾器官"，具有重要的水源涵养、环境净化、气候调节、生物多样性保护、教育科普等生态服务功能。

2. 城市湿地的特征

城市湿地与分布在城市区域外的自然湿地相比，具有不同的特征：（1）在湿地分布格局方面，受城市化的影响，城市湿地分布相对不均，面积较小，湿地斑块连接度低，内部生境破碎化程度高，生物多样性与丰富度不高，湿地小气候与城市区域有明显的不同；而自然湿地则不同，不但形成多样的湿地斑块，斑块之间连接度较高，破碎化程度低，而且湿地生境气候特征反映区域地理气候特征。（2）在湿地功能方面，自然湿地以生态服务功能为主，而且可测定并评价其不同的生态功能；而城市湿地除生态服务功能外，还强调为市民提供休闲娱乐和科研教育的功能，这些功能是自然湿地不可取代的，同时这种城市湿地的社会服务功能随时间而趋于广泛。（3）在湿地特征方面，自然湿地主要体现为湿地的自然特征，以自然干扰为主，人为管理强度相对较小，在湿地治理及恢复时需要从流域尺度上进行，治理工作主要由专业人员进行；而城市湿地则充分体现了人为管理的特征，以人为干扰为主，其治理方式主要是政府决策部门的指令，依靠人工技术和机械措施，在城市居民的参与下实现（石坷等，2008）。

3. 城市湿地功能

城市湿地是城市人工景观基质上由湿地廊道和湿地斑块所组成的湿地景观生态系统，是城市重要的生态基础设施，具有强大的综合功能，为城市的可持续发展提供生态安全保障（王海霞等，2005），是城市社会发展和文明进步的物质与环境基础。

城市湿地的功能主要体现在：（1）维持区域水文生态平衡，为城市居民提供必需的水资源。我们平时所用的水资源大多数从地下开采出来，而湿地可以为地下蓄水层补充水源，维持区域水量平衡。从湿地到蓄水层的水可以成为地下水系统的重要组成部分，又可以为周围地区的工农业生产及居民生活提供水源。（2）为城市提供完善的防洪排涝体系。大气降水通过天然和人工湿地的调节，储存来自降雨、河流的过多水量，在一定程度上避免了洪水灾害的发生。（3）调节局域气候，降低城市热岛效应，提高城市环境质量。湿地的蒸发在附近区域制造降雨，缓冲及调节城市温度，使区域气候条件稳定，具有调节区域气候的作用，与此同时，降低了城市灰尘及颗粒污染，有效提高了城市环境质量。（4）为动植物提供独特的生境栖息地，保护生物多样性。城市湿地具有湿地的典型特征，具有多样的生境，其生物多样性明显高于城市其他区域。同时，城市湿地特殊的生境，多样的湿地生物群落及生态系统，为各种涉禽、游禽、蝶类和小型哺乳动物等提供了丰富的食物和营造了良好的避敌场所及生境栖息地，有利于生物多样性的保护。（5）为城市居民提供休闲娱乐场所，丰富市民的业余生活。城市湿地可以提高城市绿色空间的质量，使城市不仅有大面积的绿地，而且有市郊一体、绿水结合的生态网络，成为既有"肺"又有"肾"的现代化、人性化的生活空间，丰富居民生活。良好的城市湿地景观往往会成为城市中最让人流连忘返的地方。有些湿地景观甚至成为了这个城市的标志性的景观，比如杭州西湖。（6）科研及科普环保教育功能。城市中一些人工湿地可为教育和科学研究提供对象、材料及试验基地，城市湿地丰富的生物多样性及景观类型，可以用来开展环境监测和科学研究。有些还含有过去和现在生态过程的痕迹，并具有特殊的历史文化价值，是城市居民获取自然生态知识的科普教育基地。

4. 城市湿地面临的主要问题

1）城市湿地面积的不断萎缩

城市化发展使全球湿地环境正在遭受普遍性威胁，尤其是人类胁迫强度最大的城市湿地不断遭到破坏，正面临着最为严重的生态问题。美国农业部门的研究表明，城市化进程已使美国丧失了 58%的湿地（Ehrenfeld，2000）。在我国，随着城市人口的剧增和城市化的快速发展，城市湿地面积急剧减小，部分城市湿地周边兴建宾馆、游乐场所的现象屡屡发生，湿地被改造为建设用地，城市湿地生境呈现严重的破碎化，形成分布不均、小面积的孤岛斑块。工业企业的废水和居民生活污水直接向城市边缘湿地排放，严重破坏湿地的生态环境。不合理规划降低了湿地的生态及社会服务功能。如北京从 20 世纪 60 年代至 70 年代中期，有 8 个湖泊共 33.4 km² 湿地面积被填；上海的淡水河流、湖泊的河面率，由 20 世纪 80 年代初的 11.10%减少到 21 世纪初的 8.40%，减少了 2.7%（潮洛蒙等，2005）。

2）残留湿地生态结构改变

城市湿地除了面积不断缩小之外，残留的湿地由于受自然干扰和人为干扰的双重影响，尤其是随着人类活动的加强，湿地景观不断发生变化，其最显著的标志是由于土地利用与土地覆被变化造成的景观格局和景观类型的时空变化，许多天然的湿地景观格局逐渐改变为受人类支配的土地利用格局。湿地景观的改变，使其抗干扰能力、恢复能力、稳定性、生物多样性相应发生变化，湿地景观中生物多样性不断降低，甚至导致原有物种的丧失，对区域环境产生显著影响（刘红玉等，2003）。另外，在城市湿地治理中，盲目引进外来物种，给湿地原生物种带来了不利影响，并已成为改变湿地结构、威胁区域生物多样性的重要因素之一。

3）湿地生态功能衰退

城市湿地生态系统具有多种重要生态服务功能。但是，由于湿地生态系统的功能与其结构密切相关，城市湿地景观结构受人类负面影响发生改变，导致了湿地生态系统中各种生态流的改变，从而影响到湿地生态功能的正常发挥，原有的湿地功能不断退化，尤其是湿地景观的萎缩或改变，引起湿地蓄水调洪的能力下降和对水体净化能力的降低，导致城市更易于受到洪水的危害和城市水环境自净能力的下降（王树功，2005）。

第二节
湿地公园概述

1. 湿地公园的定义

目前，对于湿地公园的定义尚未形成统一定论。

从国外湿地保护和管理的现状及发展趋势来看，除菲律宾外，国外少有直接以"××湿地公园"命名的湿地公园，大多数都是以"湿地为中心""湿地类型为主"的国家公园。国外湿地公园的概念类似于自然保护地，并兼有物种及其栖息地保护、生态旅游和生态环境教育的功能。例如，澳洲的 Moreton Bay Marine Park 和维多利亚公园、日本的钏路湿地国际公园，都可被称为"湿地公园"。它们都是利用典型的湿地生物多样性景观区、流域河口生态景观区、水鸟迁徙越冬栖息地，以谋求保护和可持续利用的"湿地保护""湿地游览"区域。根据国外相关文献资料上的理解，湿地公园是保持该区域独特的湿地生态系统并趋近于湿地自然景观状态，维持湿地生态系统特有的湿地结构、功能、演替规律，并在尽量不破坏湿地自然栖息

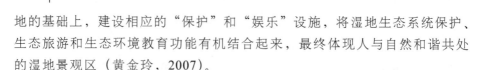

地的基础上，建设相应的"保护"和"娱乐"设施，将湿地生态系统保护、生态旅游和生态环境教育功能有机结合起来，最终体现人与自然和谐共处的湿地景观区（黄金玲，2007）。

国际自然与自然资源保护联盟（IUCN）将自然保护地划分为 6 种类型：① 严格保护的自然保护区、荒野地；② 为生态系统保护和娱乐而设置的国家公园；③ 为保护自然特征而设置的自然纪念地；④ 通过积极管理来实现保护目的的生境和物种管理区；⑤ 为保护和娱乐而设置的受保护的地理景观海洋景观；⑥ 为持续利用自然生态系统而设置的受管理的资源保护区（IUCN Word Commission on Protected Areas，2004）。按照 IUCN 的分类，湿地公园可以归入上述 6 种类型中的第②类和第⑥类，以突显"生态系统保护""娱乐""景观"意义。

国内众多学者及相关职能部门等根据研究和管理的不同需求也给湿地公园的概念加以界定，其说法较多。

（1）从学术界对湿地公园的定义来看，主要包括以下几种。

黄成才等（2004）把湿地公园定义为：湿地公园既不是自然保护区，也不同于一般意义的城市公园，它是兼有物种及栖息地保护、生态旅游和生态教育功能的湿地景观区域，体现'在保护中利用，在利用中保护'的一个综合体系，是湿地和公园的复合体。湿地公园应保持该区域独特的自然生态系统并趋于自然景观状态，维持系统内部不同动植物种的生态平衡和种群协调发展，并在尽量不破坏湿地自然栖息地的基础上建设不同类型的辅助设施，将生态保护、生态旅游和生态教育的功能有机结合，突出主题性、自然性和生态性三大特点，集湿地生态保护、生态观光休闲、生态科普教育、湿地研究等多功能的生态型主题公园。

崔丽娟等（2005）把湿地公园定义为：湿地公园是以具有一定的规模的湿地景观为主体，在对湿地生态系统及生态功能进行充分保护利用的基础上，对湿地进行适度开发（不排除其他自然景观和人文景观在非严格保护区内的辅助性出现），可供人们开展科学研究、科普教育以及适度生态旅游的湿地区域，是基于生态保护的一种可持续的湿地管理和利用方式。

雷昆（2005）把湿地公园定义为：湿地公园是指建立在城市及其周边，具有一定自然特性、科学研究和美学价值的湿地生态系统，能够发挥一定的科普与教育功能，并兼有游憩休闲作用的特定地域。

陈克林（2005）把湿地公园定义为：湿地公园是指具有生态旅游和生

态环境教育功能的湿地景观区域，兼有物种及其栖息地保护的功能。其特点是湿地景观典型、自然风景优美，可供人们观赏、旅游、娱乐、休息或进行科学、文化、教育活动。其宗旨是科学合理地利用湿地资源，充分发挥湿地的生态、经济和社会效益，为人们提供游憩的场所，享受优美的自然景观。其建设的基本要素是要具有典型性、代表性的湿地自然景观；具有依法确定的管理范围，其湿地资源权属清晰；具有健全的管理机构，能够对所辖区域进行有效管理；具有相当能力的旅游设施；依照法定程序申报，经国家林业局批准建立。在建设过程中，要考虑当地的生态学特征、自然价值、物理特征、教育设施、污染控制、外来动物与本土动物等问题。贯彻落实'加强保护、合理开发、永续利用'的方针，是湿地公园健康发展的前提和保证。

朱世兵等（2013）把湿地公园定义为：湿地公园是指拥有一定规模和范围，以湿地景观为主体，以湿地生态系统保护为核心，兼顾湿地生态系统服务功能展示、科普宣教和湿地合理利用示范，蕴含一定文化或美学价值，具有一定的基础设施，可供人们进行科学研究和生态旅游，予以特殊保护和管理的湿地区域。由此可见，除了在强调湿地公园的位置上有所侧重外，其湿地公园本身内涵与目的定位基本一致。

（2）从国家职能部门对湿地公园的定义来看，主要包括以下几种。

国家林业局的行业规范及条例中对湿地公园进行了定义。在《国家林业局关于做好湿地公园发展建设工作的通知》（林护发〔2005〕118号）中规定：湿地公园是以具有显著或特殊生态、文化、美学和生物多样性价值的湿地景观为主体，具有一定规模和范围，以保护湿地生态系统完整性、维护湿地生态过程和生态服务功能，并在此基础上以充分发挥湿地的多种功能效益，开展湿地合理利用为宗旨，可供公众浏览、休闲或进行科学、文化和教育活动的特定湿地区域。在《国家湿地公园管理办法（试行）》（林湿发〔2010〕1号）中又强调：湿地公园是以保护湿地生态系统，合理利用湿地资源为目的，可供开展湿地保护、恢复、宣传、教育、科研、监测、生态旅游等活动的特定区域，国家林业局依照国家有关规定组织实施建立国家湿地公园，并对其进行指导、监督和管理。

住房和城乡建设部相关行业规范及条例中也对湿地公园进行了定义。在《国家城市湿地公园管理办法（试行）》（建城〔2005〕16号）中指出：湿地公园是利用纳入城市绿地系统规划的适宜作为公园的天然湿地类型，通过合理保护与利用，形成保护、科普、休闲等功能于一体的公园。

综上所述，无论是从学术界还是从政府职能部门的定义考虑，湿地公园的定义应涵盖：（1）湿地公园中的湿地景观必须占有一定的规模；（2）湿地公园中的湿地景观不论是在原有的基础上恢复还是重新营造，都应以自然景观为主；（3）湿地公园的诸多功能（包括生态保护、科学研究、休闲游憩以及科普教育等）的发挥过程应保持相对平衡；（4）湿地公园主要以湿地保护为前提、合理利用为目的。

2. 湿地公园的分类

目前，对于湿地公园的分类，我国还未形成统一的分类标准。

根据湿地公园的内涵和形成过程，众多研究中将湿地公园分为自然湿地公园和城市湿地公园两大类。自然湿地公园是在湿地自然保护区的基础上，区划一定的范围，建设不同类型的辅助设施（如观鸟亭台、科普馆、游道等），开展生态旅游和生态教育，遵循"生态自然"的理念，本着友善对待环境的设计观念，以简朴的造园手法，运用天然、环保的造园材料，营造出自然、和谐、原始、质朴的湿地公园。例如，香港米埔湿地公园（见图 2-1）、上海崇明东滩湿地公园（见图 2-2）、日本钏路湿地国际公园（见图 2-3）等。城市湿地公园是在城市或城市附近利用现有或已退化的湿地，通过人工恢复或重建湿地生态系统，按照生态学的规律来改造、规划和建设，使其成为自然生态系统的一部分，并且纳入城市绿地系统规划，同时使城市本身也成为一个"生态城市"。例如，江苏省南京市的秦淮河城市湿地公园（见图 2-4）、山东省荣成市的桑沟湾城市湿地公园（见图 2-5）、湖南省汉寿县的西洞庭湖国家城市湿地公园（见图 2-6）等。

图 2-1　香港米埔湿地公园
（图片来自网络，彩图见书后插图）

图 2-2　上海崇明东滩湿地公园
（图片来自网络，彩图见书后插图）

图 2-3　日本钏路湿地国际公园
（图片来自网络，彩图见书后插图）

图 2-4　秦淮河城市湿地公园
（图片来自网络，彩图见书后插图）

图 2-5　桑沟湾城市湿地公园
（图片来自网络，彩图见书后插图）

图 2-6　西洞庭湖国家城市湿地公园
（图片来自网络，彩图见书后插图）

　　从不同管理部门和管理需求的角度出发，我国的湿地公园主要分为林业部门的湿地公园以及住房和城乡建设部门的城市湿地公园两类。经林业部门审批建立，按照管辖权限的不同，湿地公园分为国家湿地公园（国家林业局批准建立）和地方湿地公园（地方林业部门批准建立）。由各级城市建设部门审批建立，按照管辖权限的不同，城市湿地公园分为国家城市湿地公园（国家住房城乡建设部批准建立）和地方城市湿地公园（地方城市建设部门批准建立）。

　　湿地公园（国家或地方湿地公园）是在湿地自然保护区的基础上，区划一定的范围，建设不同类型的辅助设施（如观鸟亭台、科普馆、游道等），开展生态旅游和生态教育。如香港的米埔湿地公园、上海的崇明东滩湿地公园等。

　　城市湿地公园（国家或地方城市湿地公园）多处于城市用地范围内，属于城市绿地系统的一部分，并利用现有或已退化的湿地，通过人工恢复或重建湿地生态系统，按照生态学的规律来改造、规划和建设，使其成为自然生态系统的一部分，同时使城市本身也成为一个"生态城市"，如我国正在兴建的南京秦淮河湿地公园、山东荣成湿地公园等。

专栏 2-1　湿地公园与城市湿地公园比较（吴后建等，2011）

比较项目	湿地公园	城市湿地公园
管理主体	县级以上人民政府设立专门的管理机构	县级以上人民政府设立专门的管理机构
主管部门	林业部门	住房和城乡建设部门
客体	不限（各类湿地生态系统）	纳入城市绿地系统规划范围内的天然湿地
面积要求	20 hm² 以上	33.3 hm² 以上
建设条件和要求	①湿地生态系统在全国或者区域范围内具有典型性；或者区域地位重要，湿地主题具有示范性；或者湿地生物多样性丰富；或者生物物种独特。②自然景观优美（或者具有较高的历史文化价值）。③具有重要或者特殊的科学研究、宣传教育价值	①能供人们观赏、游览，开展科普教育和进行科学文化活动，并具有较高保护、观赏、文化和科学价值。②纳入城市绿地系统规划范围内，能够作为公园建设。③具有天然湿地，或具有一定影响及代表性的湿地类型
功能属性	湿地保护、恢复、宣传、教育、科研、监测、生态旅游	保护、科普、休闲
湿地景观要求	具有显著或特殊生态、文化、美学和生物多样性价值的湿地景观，湿地生态特征显著	具有天然湿地类型，或具有一定影响及代表性

行业规范及标准	较齐全，主要包括：《关于加强湿地保护管理的通知》（国办发〔2004〕50号）《关于做好湿地公园发展建设工作的通知》（林护发〔2005〕118号）《国家湿地公园评估标准》（LY/T 1754—2008）《国家湿地公园建设规范》（LY/T 1755—2008）《国家湿地公园管理办法（试行）》（林湿发〔2010〕1号）《国家湿地公园总体规划导则》（林湿综字〔2010〕7号）《国家湿地公园试点验收办法（试行）》（林办湿字〔2010〕191号）	较少，包括：《国家城市湿地公园管理办法（试行）》（建城〔2005〕16号）《城市湿地公园规划设计导则（试行）》（建城〔2005〕97号）
审批程序	较严谨和完善	较严谨和完善
行政合法性	具有行政合法性：2008年国务院"三定"方案明确国家林业局负责组织、协调、指导和监督全国湿地保护工作，组织实施建立湿地公园等保护管理工作	缺乏行政合法性
土地利用变化	变化不大，是国家湿地保护体系的重要组成部分	湿地转变为城市绿地
保护程度	较高，是国家人民政府投资、社会融资、争取国家湿地保护与恢复工程项目，未来生态补偿资金	较低
资金来源	所在地人民政府投资、地	所在地人民政府投资

专栏 2-2　国家湿地公园与国家城市湿地公园比较（袁松亭，2014）

比较项目	国家湿地公园	国家城市湿地公园
主管部门	国家林业局	中华人民共和国住房和城乡建设部
定义内涵	指以保护湿地生态系统、合理利用湿地资源为目的，可供开展湿地保护、恢复、宣传、教育、科研、监测、生态旅游活动等的特定区域①	指纳入城市绿地系统规划的，具有湿地的典型特征的，以生态保护、科普教育、自然野趣和休闲游览为主要内容的公园②
主要功能	对于湿地公园系统，以保护功能为主导，科普宣教功能为目标，资源合理利用功能为保障	对于城市湿地公园，生态功能是基础，社会游憩功能是三大功能相互促进
建设条件	具备下列条件的，可建立国家湿地公园③： ① 湿地生态系统在全国或者区域内具有典型性；或区域地位重要、湿地主体功能生物多样性丰富；或生物物种独特。 ② 自然景观优美（或者具有较高历史文化价值）。 ③ 具有重要或者特殊的科学研究、宣传教育价值	具备下列条件的湿地，可以申请设立国家城市湿地公园： ① 纳入城市绿地系统规划范围的。 ② 占地500亩④以上能够作为公园的。 ③ 能供人们观赏、游览，以及开展科普教育和进行科学文化活动，并具有较高保护、观赏、文化和科学价值的。 ④ 具有天然湿地类型的，或具有一定影响及代表性的。

① 国家湿地公园总体规划导则（林湿综字〔2010〕7号）.北京：国家林业局，2010-02-23.
② 城市湿地公园规划设计导则（试行）（建城〔2005〕97号）.北京：中华人民共和国住房和城乡建设部，2005-06-24.
③ 国家湿地公园建设规范（LY/T 1755—2008）.北京：国家林业局，2008-09-03.
④ 1亩=666.7 m²。

项目		
建设目标	在对湿地生态系统有效保护的基础上，开展科普宣传教育，提高公众生态环境保护意识，为公众提供体验自然、享受自然的休闲场所	以维护湿地系统生态平衡，保护湿地功能和生物多样性，实现人居环境与自然环境的协调发展为目标，充分发挥城市湿地在改善生态环境、休闲和科普教育等方面的作用
规划任务	通过对湿地公园所在地的自然、社会和经济条件的综合研究，科学合理开展该湿地公园的分区，确定该湿地公园的范围、规模和功能分区，明确保护与恢复措施，设置必备的科普教设施，合理利用湿地资源，科学指导国家湿地公园的建设管理，促进社会经济可持续发展	根据湿地区域的自然现状，确定总体规划的指导思想和基本原则，划定公园范围和功能分区，确定环境容量和游人容量，规划游览路线和科普措施，测定环境容量和游人容量，规划游览活动内容，确定管理、服务和科研机构建设等方面的科研工作与科普教育，提出湿地保护与功能的恢复等方面的措施和建议
功能分区	湿地公园可分为保育区、恢复重建区、宣教展示区、合理利用区和管理服务区等	城市湿地公园一般应包括重点保护区、湿地展示区、游览活动区和管理服务区等区域
评估标准	湿地生态系统、湿地环境质量、湿地景观、基础设施、管理和附加分等 6 类项目 23 个因子组成，总分为 100 分①	暂无
审批程序	①省级林业主管部门提交申请建立国家湿地公园的材料，如拟建国家湿地公园的总体规划等。②国家林业局对申请建材料进行审核，对材料符合要求的组织专家进行实地考察，并提交考察报告。	①国家城市湿地公园的申报，由城市人民政府提出，经省、自治区建设厅审查同意后，报省、自治区建设部。②建设部接到申请的，由建设部批准立为国家城市湿地公园。③已批准设立的国家城市湿地公园须在一年内编制完成国家城市湿地公园规划，并划定绿线，严格保护。

① 国家湿地公园评估标准（LY/T 1754—2008）.北京：国家林业局，2008-09-03.

③申报单位应根据专家实地考察报告，组织对湿地公园总体规划进行修改和完善，并报国家林业局审查备案。

④对通过专家实地考察论证和国家林业局初步审核符合条件的，由国家林业局组织建国家湿地公园所在地进行公示。

⑤对完成试点建设的，由国家林业局组织验收。对验收合格的，授予国家湿地公园称号；对验收不合格的，令其限期整改；整改仍不合格的，取消其试点资格。

除国家另有规定外，国家湿地公园内禁止下列行为①：

①开（围）垦湿地，开矿、采石、取土、修筑设施及从事生产放牧等。

②从事房地产、度假村、高尔夫球场等任何不符合主体功能定位的建设项目和开发活动。

③商品性采伐林木。

④猎捕鸟类和检拾鸟卵等行为

禁止行为

④对管理和保护不利，已不具备国家城市湿地公园条件的，由省、自治区建设厅或直辖市园林局报请建设部撤销其命名，并依法追究有关负责人的责任

国家城市湿地公园内禁止下列行为：

①国家城市湿地公园以及保护地带的重要地段，不得设立开发区、度假区，不得出租转让土地，严禁出租让湿地资源；禁止建设污染水体、破坏生态的项目和设施。

②严禁破坏水体，切实保护好动植物的生长条件和生存环境。

③禁止任何单位和个人在国家城市湿地公园内从事开挖湖采沙、围护造田、开荒取土等改变地貌和破坏环境、景观的活动②

---

① 国家湿地公园管理办法（试行）（林湿发〔2010〕1号）.北京：国家林业局，2010-02-20

② 国家城市湿地公园管理办法（试行）（建城〔2005〕16号）.北京：中华人民共和国住房和城乡建设部，2005-02-02.

3. 湿地公园的功能

湿地公园具有公园和保护区的部分功能，但又不同于自然保护区和一般意义上的公园。根据其不同定义来看，湿地公园的功能可概括为系统保护功能、科普宣教功能、资源合理利用功能三种主要类型（吴后建等，2011）。其中系统保护功能为主导，三大功能相互促进。系统保护功能是基础，科普宣教功能是目标，资源合理利用功能是保障（见图2-7）。

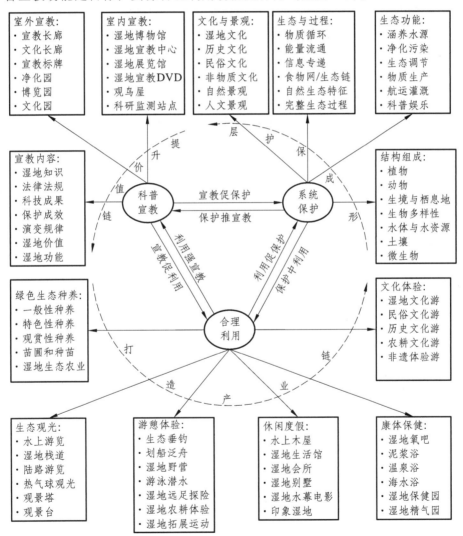

图2-7　湿地公园三大功能关系图（吴后建等，2011）

1）系统保护功能——湿地公园的基本功能

系统保护功能主要是指对湿地公园的生态系统结构、生态过程与生态特征、生态功能和生物多样性进行系统保护，对生态景观蕴涵的历史文化、湿地文化和生态文化进行有效保护，使湿地公园的物质循环、能量流动和信息传递畅通，形成结构完善完整、功能有效发挥的复合生态系统。

2）科普宣教功能——湿地公园的主要目标

科普宣教功能主要是指利用湿地公园内良好的自然生态系统、人工生态系统、自然景观、人文景观、湿地文化、生态文化和历史文化，辅以湿地宣教中心、湿地博物馆、湿地宣教长廊、湿地文化长廊、湿地宣传标牌、湿地宣传 DVD 等宣教设施设备，采取室外与室内、现实与虚拟、参与体验与授课相结合的方式，以湿地公园生态功能展示、湿地保护科普知识、湿地保护科研成果、湿地保护成就、湿地合理利用模式、湿地文化展示为主题，向大众传播湿地知识，灌输湿地保护意识，让公众在湿地公园中亲自体验和感受湿地，提高其湿地保护和环境保护意识，推动生态文明建设。

3）资源合理利用功能——湿地公园健康持续发展的坚实保障

资源合理利用功能主要是指在系统保护的前提下，根据湿地公园实际，结合科普宣教、市场需求和生态承载力，以"形成产业链、提升价值链、辐射带动周边、共享建设成果"为主旨，发展包括生态绿色种养、生态观光、游憩体验、休闲度假、康体保健、拓展训练和文化体验在内的湿地资源合理利用项目。通过湿地资源合理利用，一方面可以增加地方收入，提高周边社区群众收入，增加湿地保护的经费来源；另一方面，可以转变社区群众的思想观念，提高其湿地保护意识，促使群众自发地进行湿地保护。

湿地公园作为国家湿地保护体系中的重要组成部分，与湿地自然保护区、湿地保护小区、湿地野生动植物保护栖息地以及湿地多用途管理区等共同构成了湿地保护管理体系，发展建设湿地公园是落实国家湿地分级分类保护管理策略的一项具体措施，也是维护和扩大湿地保护面积行之有效的途径之一。发展和建设湿地公园，既有利于调动社会力量参与湿地保护与可持续利用，又有利于充分发挥湿地多种功能效益，同时满足公众需求和社会经济发展的要求，通过社会的参与和科学的经营管理，达到保护湿地生态系统、维持湿地多种效益持续发挥的目标。对改善区域生态状况，促进经济社会可持续发展，实现人与自然和谐共处都具有十分重要的意义（国家林业局关于做好湿地公园发展建设工作的通知，林护发〔2005〕118 号）。

4. 湿地公园与其他湿地景观区的区别

湿地公园、水景公园、湿地风景区（湿地风景名胜区）、湿地自然保护区都是以湿地为建设对象，在一定程度上都对湿地资源起到了一定的保护作用。它们之间既有区别又有联系，如图 2-8 所示。

1）湿地公园与水景公园

湿地公园的选址、规划布局、功能分区、交通组织等与水景公园相比，既有共性，更有其自身特殊的个性。其生物多样性高、生态效应最大化是湿地公园与水景公园的最大区别。湿地公园强调了湿地生态系统的生态特性和基本功能的保护与展示，突出了湿地所特有的科普教育内容和自然文化属性，而水景公园更强调美学的功能，通过塑造优美的空间为人们提供休憩娱乐场所（王浩等，2008；成克武等，2010）。

2）湿地公园与湿地风景区（湿地风景名胜区）

建设部于 1987 年颁发的《风景名胜区管理暂行条例实施办法》中明确指出："风景名胜区是指风景名胜资源集中、自然环境优美、具有一定规模和游览条件，经县级以上人民政府审定命名，划定范围，供人们游览、观赏、休息和进行科学文化活动的地域。"由此可见，风景名胜区设立的依据是用地区域内的风景资源及其美观度，设立目的是供人们游憩休闲等活动，侧重于开发利用，对湿地生态保护是其建设内容中的一部分，但不是首要的设立条件和依据（王浩等，2008；吴后建等，2011）。湿地能否建立湿地风景名胜区，最主要的是看湿地资源的景观价值的大小，能否成为景源并就此开展休闲娱乐活动。而对于湿地公园来说，生态保护是湿地公园设立的首要基础与依托，湿地资源及其美观度是湿地公园设立的次要条件和内容。因此，两者具有本质区别。

3）湿地公园与湿地自然保护区

湿地自然保护区是指对有代表性的湿地生态系统，依法划出一定面积予以特殊保护和管理的区域，功能通常以保护和研究为主。其观赏游憩、科普教育等活动的开展不是湿地自然保护区所必须承担的功能。湿地公园具有典型的湿地生态特征和独特的湿地自然景观，湿地公园在强调湿地保护的同时，突出了利用湿地开展生态保护和科普活动的教育功能，以及充分利用湿地的景观价值和文化属性丰富的居民休闲活动（王浩等，2008；成克武等，2010；吴后建等，2011）。

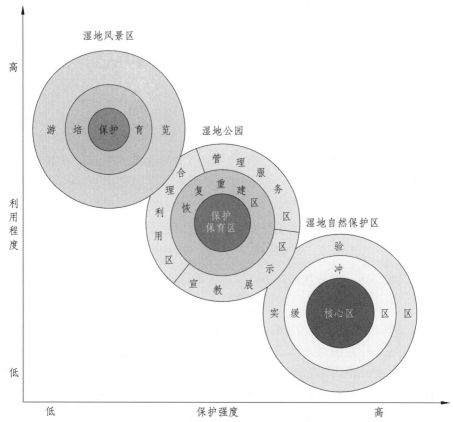

图 2-8　湿地公园、湿地自然保护区、湿地风景区关系图（吴后建等，2011）

（彩图见书后插图）

纵观湿地公园、水景公园、湿地风景区、湿地自然保护区四个概念，其共同点都是以湿地为主要对象的用地建设类型，区别于四者的建设的出发点不同。水景公园的建设是以"美景欣赏、休憩娱乐"为首要目的，湿地风景区的建设是以"游览、观赏、休息和进行科学文化活动"为首要目的，湿地自然保护区的建设是以"湿地自然保护"为主要目的，湿地公园的建设是以"湿地保护、科普宣教、合理利用"为主要目的。

从保护强度来看，湿地风景区＜湿地公园＜湿地自然保护区；从利用程度来看，湿地自然保护区＜湿地公园＜湿地风景区（见图 2-2）。因此，湿地公园可以近似看做湿地风景区与湿地自然保护区的中间类型，是保护优先与合理利用的有机结合体（吴后建等，2011）。

第三章

生态系统服务价值评估研究综述

第一节
生态系统服务价值评估研究现状

1. 生态系统服务功能概念及分类

生态系统是在一定的时间和空间范围内，由所有生物群落以及非生物环境共同构成的生态综合体，是生物圈最基本的组成和功能单元。生态系统通过内部各部分之间以及生态系统与周围环境之间的物质和能量交换，发挥着多种多样的功能，并直接和间接地为人类提供多种多样的服务，在维系生命、支持系统和环境动态平衡方面起着不可取代的重要作用。

生态系统服务功能，亦称生态系统服务，是由生态系统功能产生的，基于人类的需要、利用和偏好，反映了人类对生态系统功能的利用，是生态系统功能满足人类福利的一种表现。Ehrlich 首次提出生态系统服务功能的概念，之后国内外许多学者和组织开始对其进行讨论研究，不同的学者对生态系统服务功能的概念的理解不同，同时划分了不同的分类体系，目前尚未形成统一的认知。

1997 年 Daily 在 *Nature's Service: Societal Dependence on Natural Ecosystems* 一书中提出生态系统服务是指自然生态系统及其物种所提供的能够满足和维持人类生存和生活需要、维持生物多样性和生产生态系统产品的条件和过程，并将生态系统服务功能分为三大类，即提供生产和生活所需要的物质、维持生命支持系统和提供精神文化生活的享受环境。Constanza 等（1997）在 *Nature* 上发表了 *The value of the world's ecosystem services and natural capital*，文中指出生态系统服务功能是人类直接或者间接从生态系统功能中获得的收益的产品和服务，是自然生态系统产品和自然生态系统功能的统一。产品是指在市场上可以货币化的商品，而服务不能够在市场上买卖，但具有重要的价值。同时将生态系统服务分为气体调节、气候调节、水调节、水供给、控制侵蚀和保持沉积物、土壤形成、养分循环、废物处理、生物传粉、生物控制、提供栖息地、食物生产、原材料生产、提供基因资源、休闲、文化等 17 个服务类型，并阐述了生态系统功能与生态系统服务之间的对应关系：生态系统服务可由一种或多种功能共同产生，而一种生态系统功能也可以提供两种或多种服务。De Groot 等（2002）将生态系统功能定义为自然过程及其组成部分提供的产品和服务，从而满足人类直接或间接需要的能力，并探讨了生态系统服务功能与生态系统产品和服务概念之间的关系，认为生态系统功能被赋予人类价值的内涵便是成为生态系统产品和服务，生态系统产品和服务是以人类为中心的，人类作为评价者将生态系统的结构和功能看成负载价值的实体。

联合国千年生态系统评估（Millennium Ecosystem Assessment，MA）的报告综合了以上学者的定义，认为生态系统服务功能是人们从生态系统（既包括自然生态系统，也包括人类改造的生态系统）中获得的收益，并在 Costanza 的 17 种服务分类的基础上，根据评价和管理的需要，将生态系统服务功能分为供给服务、调节服务、文化服务和支持服务四大类，同时提出了生态系统和人类福祉的关系（MA，2005）。

专栏 3-1　生态系统服务功能分类及诠释*

1）供给服务

供给服务是指从自然生态系统获得的各种产品和物质，包括食品供给、原材料供给、基因资源供给、淡水等。

◇ 食物和纤维：包括来自植物、动物和微生物的多种食物，还包括原材料如木材、黄麻、大麻和许多其他产品。

◇ 燃料：作为能源的木材、粪便和其他生物燃料。

◇ 遗传资源：用于植物和动物繁育及生物技术的基因和遗传信息。

◇ 药剂及药材：从生态系统获得的许多药物、生物杀虫剂、食品添加剂及生物原料。

◇ 观赏资源：用于观赏的花卉和动物产品，如毛皮和壳，与文化服务相联系。

◇ 淡水：与调节服务相联系。

2）调节服务

调节服务指自然生态系统对生态环境进行调节的作用，主要包括空

气质量维持、气候调节、水分调节、水净化和废物处理、生物控制、传粉和防风护堤等调节作用。

◇ 空气质量维持：生态系统吸收和释放大气中的化学物质，影响空气质量的很多方面。

◇ 气候调节：生态系统影响区域和全球气候。例如，在区域尺度，土地覆盖的变化能够影响温度和降水；在全球尺度，生态系统通过固存或排放温室气体对气候产生重要影响。

◇ 水调节：土地覆盖的变化，如湿地、森林转化为农田或农田转化为城市，影响径流、洪水的时间和规模，以及地下含水层的补充，特别是生态系统蓄水能力的改变。

◇ 侵蚀控制：植被覆盖在土壤保持和防治滑坡方面起到重要作用。

◇ 水净化和废物处理：生态系统既可能是淡水中杂质的来源之一，也能够过滤和分解进入内陆水体、海岸和近海生态系统的有机废物。

◇ 人类疾病调节：生态系统的变化可能直接改变人类病原体，如霍乱，以及携带病菌者（如蚊虫）的数量。

◇ 生物控制：生态系统变化影响作物和家畜病虫害的传播。

◇ 传粉：生态系统变化影响传粉者的分布、数量和传粉效果。

◇ 防风护堤：海岸生态系统（如红树林和珊瑚礁）的存在能够显著减少飓风和大浪的损害。

3）文化服务

文化服务指通过主观思考、各种娱乐活动等从自然生态系统中获得精神上的感受，主要表现为非物质利益，包括休闲娱乐、科研服务、教育价值、灵感、美学价值等。

◇ 文化多样性：生态系统的多样性是文化多样性的影响因素之一。

◇ 精神和宗教价值：许多宗教中将生态系统及其组成部分赋予精神的和宗教的价值。

◇ 知识体系（传统的和正规的）：生态系统影响在不同文化背景下发展的知识体系。

◇ 教育价值：生态系统及其组成部分和过程能够为正规和非正规教育提供基础。

◇ 灵感：生态系统为艺术、民间传说、国家象征、建筑和广告等提供丰富的灵感源泉。

◇ 美学价值：生态系统的许多方面具有美景或美学价值，如对公园、风景路线的支持，以及居民点的选择等。

◇ 社会关系：生态系统影响建立在不同文化背景之上的社会关系的类型，如渔业社会与游牧或农耕社会在社会关系的很多方面的不同。

◇ 地方感：许多人给"地方感"赋予价值，地方感与环境特征（包括生态系统方面的特征）相联系。

◇ 文化遗产价值：许多社会在重要历史景观（文化景观）或文化物种的维持上赋予很高的价值。

◇ 娱乐和生态旅游：人们经常选择那些以自然或农业景观为特征的地方度过他们的休闲时光。

文化服务与人类的价值观和行为、人类社会的制度和模式、经济和政治组织等紧密联系。不同的个人和群体对文化服务的理解可能不同，比如对食物生产的重要性的理解。

4）支持服务

支持服务是所有其他生态系统服务功能产生所必需的，对所有其他生态系统服务的产生起保证和支撑作用，其对人们产生的影响是间接的或经过很长时间才出现，而供给、调节和文化服务对人们的影响相对直接且出现时间较短。一些生态系统服务如侵蚀控制，归类于支持服务还是调节服务，取决于对人们影响的时间尺度和直接性。土壤形成通过影响食物生产的供给服务对人们产生间接影响，属于支持服务。相似地，由于在人类决策的时间尺度上（几十年或几个世纪）生态系统变化对地方或全球气候产生影响，因此气候调节归类于调节服务；然而，氧气的生成（通过光合作用）归类于支持服务，是因为对大气中的氧气浓度产生影响出现在相当长的时间内。支持服务包括第一性生产、大气中氧气的生成、土壤的形成和保持、营养循环、水循环、提供栖息地等。

◇ 第一性生产：植物利用太阳能进行光合作用产生有机物，为动物、人类以及其他生态过程提供物质和能量。

◇ 营养物质循环：进行正常的生命活动所必需的物质在无机环境与生物体之间以不同的形式不断转化和循环的过程。

◇ 生物多样性维持：生态系统产生并维持生物的物种多样性、种群多样性、系统多样性以及遗传多样性，同时为生物提供重要的产卵场、越冬场和避难所。

* 资料来源于《生态系统与人类福祉：评估框架》，出自《千年生态系统评估报告集》，北京：中国环境科学出版社，2007。

生态系统与生物多样性经济组织（TEEB）在 MA 的分类基础上提出了新的分类方法，包括供给服务、调节服务、栖息地服务和文化服务四大类 22 项子类 90 种更具体的次级服务。供给服务包括水、食品、初级生产原材料、生物药物资源、装饰资源、基因资源等，调节服务包括气体调节、气候调节、水流调节、适度的干扰调节、废物处理、侵蚀控制、土壤肥力维护、生物授粉、生物控制等，栖息服务包括保育服务、基因库保护等，文化服务包括美学、娱乐、文化和艺术的灵感、精神的历程、认知发展等（De Groot et al., 2010）。

近年来，我国谢高地、欧阳志云、李文华等众多学者也相继开展了生态系统服务功能及分类的相关研究。欧阳志云等（1999）将生态系统服务功能划分为有机质的生产与生态系统产品、生物多样性的产生和维持、调节气候、减轻洪涝和干旱灾害、土壤的生态服务功能、传粉和种子扩散、有害生物控制和环境净化 8 类。谢高地等（2003）参考 Costanza 等对全球生态系统服务价值评估的部分成果并综合对我国 200 位生态学者问卷调查结果，制定出我国生态系统服务价值当量因子表，将生态系统服务划分为气体调节、气候调节、水源涵养、土壤形成与保护、废物处理、生物多样性维持、食物生产、原材料生产、休闲娱乐共 9 类（谢高地等，2003）。李文华提出生态系统服务研究是生态系统评估的核心，关乎人类福祉，并较精细地划分了生态系统服务功能的类型（李文华，2006 & 2009）。

2. 生态系统服务价值分类

生态系统功能和提供服务的多面性使得生态系统服务具有多价值性，对生态系统服务价值进行科学的分类是进行价值评估的基础。

早在 20 世纪 90 年代，Mc-Neely（1990）、Tuner（1991）、Pearce（1995）等国外学者及 UNEP（1993）、OECD（1995）等组织机构就对生态系统服务价值的分类进行了研究，奠定了生态系统服务价值分类的理论研究基础。Mc-Neely（1990）在《全球生态多样性保护》中将生态系统服务价值分为消耗性使用价值、生产性使用价值、非消耗性使用价值、选择价值和存在价值 5 类。Tietenberg（1992）将生态系统服务价值划分为使用价值和非使用价值两大类，其中使用价值包括直接使用价值和间接使用价值，非使用价值包括遗产价值、存在价值，选择价值（潜在使用价值）既可以作为使用价值也可以作为非使用价值。UNEP（1993）在《生物多样性国情研究指南》中，从是否具有显著实物形式的角度将生物多样性的价值分为具有显著实物形式的直接价值和无显著实物形式的直接价值、间接价值、选择价值和消极价值。Pearce（1995）将环境价值分为使用价值和非使用价值两部分。其中，使用价值包括直接使用价值、间接使用价值和选择价值；非使用价值包括遗产价值和存在价值。OECD（1995）认为自然资本的总价值由直接使用价值（可直接消费的产品，如食物、生物质、娱乐、健康等）、间接使用价值（功能效益，如生态功能、防洪等）、选择价值（将来的直接或间接使用价值，如生物多样性）、遗传价值（为后代保留使用价值和准使用价值的价值，如生境）和存在价值（认识到继续存在的价值，如生境、濒危物种等）构成，基本沿用了 Pearce 的分类方法，但认为选择价值既可以划分在使用价值中，也可以划分在非使用价值中。

国内许多学者在参考国外相关研究的基础上，也相继开展了众多的相关研究。徐嵩林（1997）在《中国环境破坏的经济损失计量》中从生态系统服务价值功能与市场联系的角度，将生态系统服务价值分为三种：① 能以商品形式出现在市场的功能价值；② 虽不能以商品形式出现于市场，但有着与某些商品相似的性能或能对市场行为有明显影响的功能价值；③ 既不能形成商品，又不能明显地影响市场行为的功能价值。欧阳志云等（1999）将生态系统服务功能分为直接利用价值、间接利用价值、选择价值和存在价值四类。

王伟等（2005）将 Costanza 等提出的 17 类生态系统服务功能的价值归为两大部分：自然资产价值与人文价值。其中，自然资产价值又可分为物质价值（指生态系统为人类提供的产品，包括食物生产、原材料、水分供给、基因资源等的价值）、过程价值（指生态系统过程所产生的功能价值，包括气体调节、气候调节、干扰调节、水分调节、废弃物处理和水质净化、侵蚀控制和沉积物保持、土壤形成、养分循环、授粉、生物控制等价值）和栖息地价值（即生物多样性价值）；人文价值则包括科研、教育、文化、旅游等。李文华等（2008）以人的经济获益程度和期限为标准，将生态系统服务价值划分为使用价值和非使用价值两大类，其中使用价值包括直接使用价值、间接使用价值和潜在（选择）价值三类，非使用价值包括遗传价值和存在价值两类。

专栏 3-2　生态系统服务价值分类及诠释*

1）使用价值

使用价值是指人们为了满足日常的消费或生产而使用的生态系统服务的支付意愿，这些服务可被直接或间接地利用，包括直接使用价值、间接使用价值和潜在（选择）价值。

◇ 直接使用价值：自然生态系统产生的产品的价值，包括为人类生存和生活提供所需的食物、药材、木材等构成的有形的、消耗性的直接实物价值，还包括休闲娱乐、美学等服务功能利用的无形的、非消耗性的直接服务价值。

◇ 间接使用价值：自然生态系统提供的无法商品化的生态系统服务所产生的生态效益和社会效益，在维持人类社会的生产和生活中起着极其重要的作用，包括生态系统的支持、调节以及文化服务价值，如生态系统的土壤中的养分循环、固碳释氧、废弃物的净化等。

◇ 潜在（选择）价值：自然生态系统提供的生态系统服务的潜在使用价值，即尽管现在没有获得任何效应，但将来个人和社会能够利用的生物资源和生物多样性的潜在用途，这种价值的特点在于某种资源不是现在被使用，而是在将来有可能被使用，受益的群体包括未来的自己、未来的他人、未来的子孙后代。

2）非使用价值

非使用价值是指与人类利用无关的生态系统服务价值，包括存在价值和遗产价值。

◇ 存在价值：生态系统的内在价值，即人们为确保某种自然生态系统资源的存在而自愿支付的费用，是指这一自然生态系统本身具有的经济价值，与人类存在与否无关，它可以反映出人类对生态系统、濒危物种等的责任和关注程度，包括濒危物种、生境等。

◇ 遗产价值：当代人为某种自然生态系统资源将来能保留给子孙后代继续享用而自愿支付的费用。

* 资料来源于《生态系统服务功能价值评估的理论、方法与应用》，北京：中国人民大学出版社，2008。

3. 生态系统服务价值评估方法

与一般商品价值评估不同，自然生态系统的生态服务价值不能简单地只通过商品市场进行货币化，对其定价需视情况而定且方法多样。食品、原材料供应等生态系统服务的价值可通过市场交易来确定，即根据市场价格来计算其价值，货币化计量方法较容易，但大部分的自然生态系统的生态服务功能由于不能在市场上进行交易，没有相应的市场价格，进行货币化计量较困难，如湿地生态系统的固碳释氧价值、蒸腾吸热价值、生物多样性维持价值等，面对这类生态系统服务价值需要其他的评估方法。

目前，国际上通用的评价生态系统服务价值的方法，依据生态系统与自然资本的市场发育程度大致分为 3 类。第一类，实际市场评估法，此方法应用于具有实际市场的生态系统产品和服务（例如粮食），以市场价格作为生态系统服务的经济价值（Ellis etal.，1987；Chee，2004；Dailyetal.，2000；Spash，2000），评估方法主要包括市场价值法、费用支出法。第二类，替代市场评估法，此种方法用于没有直接市场交易与市场价格但具有这些服务的替代品的市场与价格的生态服务，通过估计使用技术手段获得与某种生态系统服务相同的结果所需的生产费用为依据，间接估算生态系统服务的价值（Binghametal.，1995；Randall，2002；Pearce，1998；Rapportetal.，1998），评估方法包括替代成本法、机会成本法、恢复和防护费用法、影子工程法、旅行费用法、资产价值法或享乐价格法以及疾病成本法和人力资本法、预防性支出法、有效成本法等。第三类，模拟市场评估法，对没有市场交易和实际市场价格的生态系统产品和服务，只有人为的构造假想市场来衡量生态系统服务的价值（Wilsonetal.，1999；Gregory，1999），其代表性的方法是条件价值法或意愿调查法，即通过假想市场情况下，直接询问人们对某种生态系统服务的支付意愿，以人们的支付意愿来估计生态系统服务的经济价值。

在我国，李文华（2009）在总结国内外学者的环境价值评估方法研究的基础上，按照估算支付意愿的角度不同，把生态系统服务价值评估方法分为揭示偏好法、陈述偏好法和推断支付意愿法三种，并且对国外学者对不同生态服务功能类型价值评估所适用的评价方法进行了分析探讨，为我国生态系统服务价值评价指标体系与方法的标准化工作提供了参照（见表 3-1）。

表 3-1 生态系统服务类型与经济价值评估方法（李文华，2009）

服务功能	避免成本法	条件价值法	享乐价值法	市场价值法	替代成本法	旅行费用法	生产成本法	排序法
大气调节	+	+			+			
气候调节		+						
干扰调节	+							
生物控制	+						+	
水分调节	+	+	+	+	+		+	
土壤保持	+		+		+			
废弃物处理	+	+			+			
养分循环	+	+						
提供水源	+			+	+	+		
食物				+			+	
原材料				+			+	

续表

服务功能	避免成本法	条件价值法	享乐价值法	市场价值法	替代成本法	旅行费用法	生产成本法	排序法
遗传资源	+			+				
药物资源	+						+	
观赏资源	+		+		+			
娱乐		+				+		+
美学		+	+			+		+
科学教育								+
精神与历史		+						+

　　生态系统服务价值评估往往不会采用单一的评估方法，而是综合采用多种方法对生态系统的不同生态服务价值进行评价，而且每一种评估方法都存在各自的优点和不足（见图 3-1），从而使得评价结果可比性大大下降

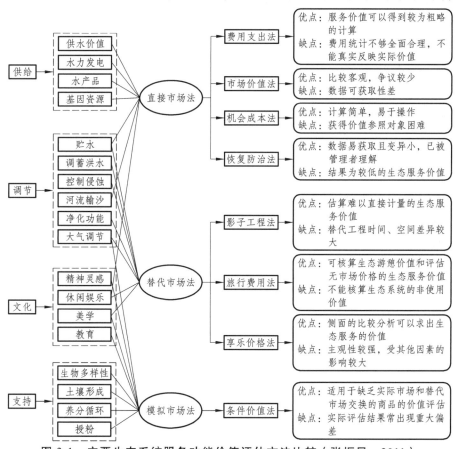

图 3-1　主要生态系统服务功能价值评估方法比较（张振民，2011）

(Farber et al., 2002；Wilson etal., 2002)。根据 MA 的划分，从图 3-1 可以看出：供给功能主要使用直接市场法，调节功能主要使用替代市场法，文化和支持功能则更多地使用模拟市场法和替代市场法，而且，即使同一种生态系统服务功能通常我们会采用几种评估方法，使评估结果很大程度上依赖于不同方法的选择。因此，价值评估仍然是生态系统服务评价中的难点问题之一。

4. 国内外生态系统服务价值评估研究进展

20 世纪 80 年代初，国外生态学家 Peters（1989 & 1994）开始试图评估不同生态系统的生态系统服务价值，相继分析评估了巴西亚马逊的热带雨林等地的生态系统服务价值，并对不同生态系统服务进行了分类，并讨论了生态系统服务中生物多样性价值评估的方法及意义。1997 年 Daily 编著的 *Nature's Services: Societal Dependence on Natural Ecosystems* 一书的出版和 Costanza 等（1997）撰写的 *The value of the world's ecosystem services and natural capital* 一文的发表引起了巨大的反响，标志着生态系统服务价值评估研究成为了生态学和生态经济学研究的热点和前沿，随后 *Ecological Economics* 杂志邀请相关学者以专题的形式对生态系统服务和价值评估进行了相关讨论，以此掀起了生态系统服务价值评估研究的热潮。1980 年我国著名经济学家许涤新首次同时考虑生态与经济因素，从而率先开展了生态经济学的研究（许涤新，1980）。1984 年马世骏的论文"社会-经济-自然复合生态系统"标志着生态学家向经济学领域开展研究（马世骏，1984）。随后学者们将研究重点放在如何实现经济与自然的协调发展上，认为在自然资源使用或恢复的政策制定方面，必须要以价值观念作为指导，否则将极有可能导致资源的误用或滥用（辛琨，2000；Howarth etal.，2002；Jansson etal.，1994），进一步将自然生态系统对人类的服务与经济价值评价相结合（Daly，1989）。从宏观角度来看，生态系统服务价值评估有助于制定出人类福祉与可持续发展的相关指标体系（Odum，1986），而对于生态系统服务由于其功能类型的不同而导致其评估方法有所不同（UNEP，1991）。

目前，纵观国内外生态系统服务价值评估研究，从空间尺度来看，可分为全球或区域的生态系统服务价值评估和单个类型的生态系统服务价值评估；从时间尺度来看，可分为静态的生态系统服务价值评估和动态的生态系统服务价值评估。

1）全球或区域角度的生态系统服务价值评估

1995 年 Costanza 等对全球 16 种生态系统进行了详细分类描述，在此基础上将全球生态系统服务划分为 17 类，阐述了生物多样性与生态系统服务的关系，并且在 1997 年开始对全球生态系统服务价值进行了全面初步评估研究，首次得出全球生态系统每年的生态服务价值平均约为 33 万亿美元，这一研究的发表拉开了生态系统服务价值研究的序幕。随后，国内学者欧阳志云等（1999）从有机物质的生产、维持大气 CO_2 和 O_2 的平衡、营养物质的循环和贮存、水土保持、涵养水源、生态系统对环境污染的净化作用六个方面，运用影子价格、替代工程或损益分析等方法探讨了中国陆地生态系统的间接经济价值。陈仲新等（2000）参考 Costanza 等人关于生态系统服务价值分类方法与评估经济参数，按照面积比例对中国生态系统功能与效益进行了价值估算，绘制了中国陆地生态系统效益价值分布图，得出了我国每年的生态系统效益的总价值约为 7.78 万亿元人民币。谢高地等（2001 & 2006）对全球生态系统服务功能及其生态经济价值评价理论与方法进行了分析研究，估算了中国的生态系统服务价值，并制定了中国生态系统服务价值当量因子表。MA（2005）公布了全球生态系统服务与人类福祉评估框架。Wilson 等（1999）利用价值转移法评估美国马萨诸塞州盆地生态系统服务功能价值（Troy、Wilson，2006）。王兵等（2009）基于中国经济林生态系统的长期、连续定位观测，采用第 6 次全国森林资源清查数据和国内外权威部门公布的价格参数数据，利用市场价值法、费用代替法、替代工程法等方法定量评价了 2003 年我国不同省份经济林生态系统的服务价值，结果表明，2003 年我国经济林生态系统服务总价值为 11 763.39 亿元，经济林产品总价值占总生态价值的 19.93%。方瑜等（2011）运用替代成本、影子价格、市场价格法评估了内蒙古、辽宁、河北地区的草地生态系统服务价值。赵永华等（2011）基于土地利用变更调查数据，运用中国陆地生态系统服务价值当量表，分析了 2001—2006 年陕西省生态系统服务价值变化与不同尺度上的差异，探讨了耕地占补平衡和退耕还林工程对生态系统服务价值的影响，并分析了其生态系统服务价值的动态变化。De Groot（2012）依据 TEEB 数据库案例对全球的生态系统服务价值进行了重新估值。刘亮（2012）对辽东湾、渤海湾和莱州湾的食品生产、原料生产、基因资源、氧气生产和气候调节、废弃物处理、生物控制、休闲娱乐、科研文化、初级生产以及物种多样性维持等 10 项生态系统服务价值进行评估，研究表明三个海湾服务功能的总价值量为 1485.11 亿元，单位面积价值为 4.52 元/m^2。

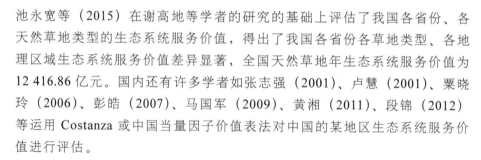

池永宽等（2015）在谢高地等学者的研究的基础上评估了我国各省份、各天然草地类型的生态系统服务价值，得出了我国各省份各草地类型、各地理区域生态系统服务价值差异显著，全国天然草地年生态系统服务价值为12 416.86亿元。国内还有许多学者如张志强（2001）、卢慧（2001）、粟晓玲（2006）、彭皓（2007）、马国军（2009）、黄湘（2011）、段锦（2012）等运用Costanza或中国当量因子价值表法对中国的某地区生态系统服务价值进行评估。

2）单个类型的生态系统服务价值评估

单个类型的生态系统服务价值评估与全球性的生态系统服务价值评估相比精确度会更高，国内众多学者相继对森林、草地、湿地、城市、农田等生态系统的服务价值进行评估研究。

森林生态系统服务价值评估方面，靳芳等（2005）在充分考虑森林生态系统服务价值机制的基础上，采用频度分析法和专家咨询法尝试构建了我国森林生态系统服务价值评估指标体系。胡海胜等（2007）根据森林生态系统服务价值的计算方法，估算了庐山自然保护区森林生态系统7项服务价值总量每年约为2.6亿元。苏迅帆等（2008）以灵芝地区为例，采用层次分析法、专家询问法和频度分析法探讨了青藏高原森林生态系统服务价值评估指标体系。刘永杰等（2014）应用市场价值、影子价格、机会成本等方法对神农架自然保护区提供林产品、涵养水源、土壤保持、气体调节、净化环境、养分循环、娱乐文化和维持生物多样性等森林生态系统功能的生态经济价值进行了评估，估算出神农架国家级自然保护区森林生态系统服务价值总计为20.4亿元/a。冯继广等（2016）基于《森林生态系统服务功能评估规范》（LY/T 1721—2008）对全国101个案例点的森林生态系统服务价值评估数据进行综合分析，得出了中国森林生态系统单位面积服务总价值为6.11万元，同时认为森林面积和蓄积是影响森林生态系统服务功能及其总价值的两个重要因素。

草地生态系统服务价值评估方面，目前主要是针对内蒙古和青藏高原等不同类型的草地生态系统服务价值研究。张新时提出了草地的生态经济功能及其范式（张新时，2000）。谢高地等（2003）对青藏高原高寒草地的生态系统服务价值进行了评估，得出了青藏高原天然草地生态系每年提供的生态服务价值为257.1亿元。师庆三对新疆地区干旱区景观尺度下生态系统服务价值评价体系构建与应用进行了探索（师庆三，2010）。陈春阳等

（2012）基于千年生态系统评估的生态系统服务分类体系，采用多种方法对三江源草地生态系统 9 项服务价值逐项进行了评估，得出 2000 年三江源草地生态系统服务价值为 562.60 亿元。高雅等基于草地综合顺序分类法（CSCS）提出了草地生态系统服务价值评估的实践方案（高雅等，2014）。王敏等（2015）基于单位面积的生态系统服务价值评估方法，结合遥感和 GIS 技术分析了锡林郭勒草原国家级自然保护区 1985—2014 年的生态系统服务价值，并探讨了气候变化对该保护区生态系统服务价值变化的贡献率。

　　湿地生态系统服务价值评估方面，韩维栋等（2000）对中国现存分布的红树林湿地进行了价值评估，结果显示：中国红树林生态系统在生物量生产、抗风消浪护岸、保护土壤、气候调节等七个方面的年总生态价值约为 23.7 亿元。范芳玉（2011）运用市场价值、替代价格、重置成本等方法评估了山东大坟河流域的直接利用价值和间接利用价值，最终评估结果为 101.93 亿元；Sander 运用享乐价格法对美国明尼苏达州湿地生态系统文化服务的价值进行了评估（Sander，2012）。徐婷等（2015）根据草海湿地的特征，运用市场价值法、影子工程法、问卷调查法等定量评估了 2010 年贵州草海湿地生态系统的供给服务、调节服务和文化服务价值，得出贵州草海湿地生态系统服务总价值为 4.39 亿元，其中供给服务价值为 0.74 亿元，调节服务价值为 1.14 亿元，文化服务价值为 2.51 亿元。

　　农田生态系统服务价值评估方面，高旺盛等（2003）评估了典型黄土高原丘陵沟壑区安塞县境内 7 种不同类型的农业生态系统服务功能价值，总计 317 亿元，是农林产品价值的 170 倍。尹飞等研究了农田生态系统服务功能及其形成机制（尹飞等，2006）。张东等（2016）借助 GIS 工具，从微地貌形态、土壤状况和土地利用类型 3 个方面选取相应指标，将怀来县农田生态系统分为 3 个生态类及 6 个生态亚类，并且从生产服务、调节服务、文化服务和支持服务 4 个方面选取 7 个指标构建评估模型，分别对 6 种农田生态亚类进行了生态系统服务价值测算和分析，得出怀来县农田生态系统服务总价值为 225.3 亿元。

　　城市生态系统服务价值评估方面，宗跃光对城市景观生态价值的边际效用以及城市生态系统服务功能的价值结构进行了分析（宗跃光，1998&1999）。石惠春等在 Costanza 等评估方法的基础上，结合生态系统的自身价值与人的主观价值评估，加入支付意愿与生态系统服务稀缺性对其进行了探索性修正，分别运用修正前后的方法计算了兰州市 2005—2009 年的生态系统服务价值，对比分析了两种方法得出的动态变化情况与成因（石惠春等，2013）。

3）静态生态系统服务价值评估

目前大部分的生态系统服务估值评估没有体现时间的动态价值，只是对生态系统静态价值的评估，如某地区生态系统服务的年价值量。王祖华等（2010）基于森林资源二类调查数据，采用市场价值法、影子工程等方法评估了 2008 年浙江省淳安县森林生态系统主要服务价值，结果显示其总价值为 224.04 亿元，生态服务价值是社会经济服务价值的 4.55 倍。张乐勤等（2011）基于《森林生态系统生态服务价值评估规范》（LY/T 1721—2008），采用实证研究、调查研究、文献研究等方法，估算了 2009 年池州市森林生态系统生态服务价值为 443.30 亿元，林果等实物产品价值为 168.97 亿元，生态服务价值是实物生产价值的 2.62 倍。隋磊等（2012）以卫星遥感影像为基础，运用"3S"技术，解译并统计了海南岛陆地自然生态系统的类型和面积，利用生态经济相关理论基础，评估计算出 2008 年海南岛陆地自然生态系统服务价值约为 2198 亿元，是当年海南省生产总值的 1.5 倍，其中森林生态系统服务价值占总价值的 81.77%。张秀英等（2013）参照千年生态系统评估的分类体系并考虑污染等因素引起生态系统服务的退化，评估了 2005 年海州湾生态系统的潜在和实际服务价值（张秀英，2013）。苏少川等（2014）根据建阳市 2011 年森林资源清查资料和相关部门提供的监测数据，应用《森林生态系统服务功能评估规范》对其森林生态系统服务功能进行了价值评估，结果表明：2011 年建阳市森林生态系统服务总价值为 169.27 亿元，其中涵养水源、生物多样性保护和保育土壤 3 种服务价值占整个森林生态系统服务总价值的 80.2%。

4）动态生态系统服务价值评估

与静态生态系统服务价值评估相比，动态评估生态系统服务价值更能够体现某地区或者某类生态系统服务价值的趋势及时空变化，研究范围多为大尺度的生态系统服务价值评估。Boumans 等（2002）利用"全球生物圈统一元模型"，在校正 1900—2000 年相关数据基础上模拟 2000 年全球生态系统服务的价值量达到 180 万亿美元，是当年全球经济总量的 4.5 倍（1997年 Costanza 评估的全球生态系统服务价值为当年的 1.8 倍），并预测不同情景下生态系统服务价值的变化趋势。粟晓玲以甘肃河西走廊石羊河流域为例，对内陆河流域生态系统服务价值的动态估算方法与应用进行了研究（粟晓玲，2006）。马国军（2009）借助土地遥感影像数据和参照谢高地当量因子表法，评估了甘肃石羊河流域的生态系统服务价值，结果显示 1999 年的石洋河流域总生态系统服务。动态价值为 115.31 亿元，2006 年为 156.5 亿元。岳东霞等（2011）采用生态经济学的方法，对民勤绿洲 2000—2009 年近 10 a 的农田生态系统服务价值进行了定量计算及其驱动力分析，结果表明：民勤农田生态系统服务价值从 2000 年的 3.21 亿元逐年增加到 2009 年的 6.95 亿元，年均增长 0.374 亿元。De Groot 评估了全球的生态系统服务价值，并与 1994 年 Costanza 评估的价值结果进行了比较分析，解释了价值变动的原因（De Groot，2012）。张绪良等（2009）在湿地景观类型分类的基础上，利用遥感技术及 GIS 技术提取了 1987 年和 2002 年莱州湾南岸滨海湿地 Landsat5、Landsat7 卫星假彩色合成影像的空间属性数据，利用斑块动态度、斑块密度指数、景观多样性指数、斑块破碎化指数研究了湿地景观格局变化及其累积环境效应，结果表明：15 a 间，莱州湾南岸滨海湿地景观总面积基本不变，但自然湿地总面积减少了 49.1%，湿地景观格局的变化表现为景观多样性指数下降、斑块破碎化指数升高，引起自然湿地的总净初级生产量下降，环境净化功能、抗御自然灾害功能降低，陆地中生植物、旱生植物、外来及有害植物侵入湿地，湿地生态系统服务价值下降等累积环境效应。卢书兵等采用 1990 年、2002 年和 2010 年 3 期土地利用数据，运用 Costanza 方法，结合谢高地修正的中国生态服务价值当量因子表，分析华阳河湖群湿地的土地利用变化，研究了由此而引起的该湿地生态系统服务价值变化。陈阳等（2015）以三江平原北部地区 2 市 5 县为研究区，采用生态系统服务价值评估方法对 1954—2009 年间三江平原北部地区生态系统服务价值进行估算，分析了土地生态系统服务价值随时空变化的特点。

第二节
湿地生态系统服务价值评估研究现状

1. 湿地生态系统服务功能分类

湿地生态系统服务是指人类从湿地生态系统中直接或间接地获取的对人类有益的产品和服务。湿地地处水域和陆地的过渡地带，其生态系统功能的多样性和服务的多样性，决定了其服务功能具有多价值性。关于湿地生态系统服务功能的分类，国内外许多学者开展了大量工作，目前对于湿地生态系统服务功能分类还没有完全统一的界定，以下是部分比较具有代表性的国内外学者针对不同的湿地类型对其生态系统服务功能的分类。

1997年拉姆萨尔湿地公约管理局（Ramsar Convention Bureau）组织编写的《湿地的经济价值评估——政策制定者和规划指南》一书中，将湿地生态系统服务功能分为三个部分：湿地组分（components）、湿地功能（functions）和湿地属性（attributes）（见表3-2）。湿地组分主要指组成湿地生态系统的部分，为人类提供直接可用的各类有价值的产品，如木材、野生生物、供农业生产的沃土等。湿地功能是指湿地生态系统组分之间的相互作用而产生的对人类有用的功能，如消减洪涝、地下水补给、养分滞留等。湿地属性是指湿地存在但人们并不直接使用湿地的这种特性，例如生物多样性、文化遗产、优美景观等（Ramsar Convention Bureau，1997；王国新，2010）。

表3-2　拉姆萨尔湿地公约管理局关于湿地生态系统服务功能的分类（Ramsar Convention Bureau，1997；王国新，2010）

湿地组分	湿地功能	湿地属性
鱼类	消减洪涝	生物多样性
树木和木材	降低风暴灾害	文化遗产
野生生物	地下水补给	优美景观
供农业生产的沃土	泥沙沉降和污染物滞留	
水资源	养分滞留	
水运	蒸发降雨	
	古迹保存	

王如松等（2004）将城市水生态服务功能分为水资源、水环境、水生境、水景观和水安全五大类、18个小类（见表3-3）。

表3-3　城市水生态服务功能分类（王如松，2004）

水资源	水环境	水生境	水景观	水安全
生态系统产品	调节气候	营养物质循环	怡神悦目	旱灾
水的供应	蓄、排水	提供生境、维持生物多样性	休闲娱乐、美学	洪灾
水力发电	净化	科研、教育		水源性疾病
航运				地面沉降和盐碱化
生物、土壤蒸发和地下水补给				

2005 年"千年生态评估"项目（MA）中，对生态服务功能的分类已经确定为产品功能、调节功能、文化功能和支持功能四大类，目前该分类基本得到国际认同并广泛运用。

李文华等（2008）在其编著的《生态服务功能价值评估的方法与应用》一书中，也将生态服务功能划分为"提供产品功能（供给功能）、调节功能、文化功能和支持功能"四大类型，而且这种分类也同样适用于湿地生态系统（见表 3-4）。此外，从价值的角度，可将湿地的生态服务功能划分为使用价值功能和非使用价值功能两大类（见表 3-5）。

表 3-4　湿地生态系统服务功能分类（李文华等，2008）

产品功能	调节功能	文化功能	支持功能
生活与生产用水	水文调节	文化多样性	生物多样性保护
水力发电	河流输送	教育价值	有机物质生产等
内陆航运	侵蚀控制	灵感启发	
水产品生产	水质净化	美学价值	
基因资源等	空气净化	文化遗产价值	
	区域气候调节等	娱乐和生态旅游价值等	

表 3-5　湿地生态系统服务功能分类（按价值分类）

使用价值功能			非使用价值功能
直接使用价值功能	间接使用价值功能	可选使用价值功能	存在价值功能
鱼类	营养滞留	潜在的未来使用价值	生物多样性
农业	洪涝控制	未来信息价值	文化遗产
柴薪	风暴消减		遗赠价值
娱乐	地下水补给		
运输	外部生态系统支持		
野生生物	小气候调节		
泥炭和能源	稳固海岸线等		

2. 湿地生态系统服务价值评估指标体系

针对不同的湿地特点，选择适合的价值评估指标是对湿地生态系统服务价值进行评估的重要一环，需要结合已有的统计指标和数据资料情况，综合考虑经济、社会、生态环境等系统的诸方面，设置湿地生态系统服务价值评估指标体系。

李景保等（2007）在对洞庭湖流域水生态系统服务经济价值研究中，提出了水生态系统服务价值评价指标，包括直接价值指标（居民供水、工农业供水、水力发电、内陆航运、水产品生产、休闲娱乐）、间接价值指标（调洪蓄水、水资源蓄积、输沙冲淤、土壤保持、生物多样性保持）。王强等（2009）针对某湖库特点，给出了一个以某湖为例的较为完整的湿地生态系统各项服务经济价值评估指标体系，考虑该湖的实际情况，选择物质生产服务、栖息地服务、休闲娱乐及景观服务、调节服务、水源供水服务等占主要地位的几项服务进行评估，其评估指标包括物质生产服务（水产品年产量及水产品在现期的市场价格、植物年产量及现期的市场价格）、栖息地服务（栖息地面积、单位面积的年经济价值）、休闲娱乐及景观服务（湿地旅游总收入）、调节服务（调蓄洪水：当年调水总量及修建 $1\ m^3$ 水库库容的平均价格。大气调节：固定 CO_2 总量、释放 O_2 总量及各自单位产量价值。截流与净化服务：滞留污染物量及处理单价）、水源供水功能（年供水量）。张永雪（2014）结合 Costanza 研究结果和参照 MA 报告对生态系统服务的分类，根据南沙渔业湿地生态系统类型、结构和生态过程的特点以及建立服务价值评估指标体系的原则，参考现有的生态系统服务价值评估技术，建立了南沙渔业湿地服务价值评估指标体系，主要分为生产服务（湿地产品生产）、生态服务（气候调节、水分调节、污染净化、干扰调节、提供栖息地）、生活服务功能（休闲旅游、教育科研）3 种生态系统服务类型及 8 个生态系统评估指标（见表 3-6）。

表 3-6 南沙渔业湿地生态系统服务价值评估指标体系（张永雪，2014）

生态系统服务类型	评估指标体系	评估指标内容
生产服务	渔业生产	鱼类产品、虾类产品
生态服务	气候调节	植物通过光合作用固定 CO_2、释放 O_2
	水分调节	贮存大量水源、蓄积洪水、消减宏峰
	污染净化	工业、生活污水排放量
	提供栖息地	保护濒危珍稀物种、提供迁徙鸟类栖息地
	干扰调节	消浪护岸和抵御风暴潮
生活服务	休闲旅游	郊外旅游、休闲、生态旅游
	教育科研	提供教育科研、研究课题

徐婷等（2015）基于联合国千年生态系统评估、生态系统与生物多样性经济学、Boyd 等对生态系统中间服务和最终服务的区分，将草海湿地生态系统服务划分为供给服务、调节服务和文化服务，并结合草海湿地生态系统特征、受益者及可获数据，确定了草海湿地生态系统服务价值评估指标体系（见表 3-7）。

表 3-7　草海湿地生态系统服务价值评估指标体系（徐婷等，2015）

评估项目	评估指标体系	评估方法
供给服务	食物生产	市场价值法
	原材料生产	市场价值法
	水资源供给	市场价值法
调节服务	调蓄洪水	影子工程法
	补给地下水	影子工程法
	水质净化	替代成本法
	气候调节	替代成本法
	大气组分调节	碳税法、工业制氧法
文化服务	休闲娱乐	费用支出法
	生物多样性与景观资源保护	问卷调查法

崔丽娟等（2016）根据生态学和生态系统服务的原理，经过实地考察，确定了扎龙湿地生态系统服务价值评估指标体系（见表 3-8），包括物质生产、土壤保持、水质净化、气候调节、供水、调蓄洪水、大气调节、休闲旅游、科研教育和授粉等指标构成的最终服务；净初级生产力、营养循环、涵养水源、地下水补给和生物多样性维持等指标构成的中间服务。

表 3-8　扎龙湿地生态系统服务价值评估指标体系（崔丽娟，2016）

评价项目	评估指标体系	评估参数	评估方法
最终服务	物质生产	芦苇、羊草、鱼类	市场价值法
	供水	供水量	市场价值法
	调蓄洪水	土壤调洪量、地表滞水量、湖泊调蓄水量	替代成本法
	水质净化	N、P、化肥去除	替代成本法
	气候调节	增湿、降温、	影子价格法
	大气调节	O_2 释放	市场价值法
		CH_4 排放	避免成本法
	土壤保持	减少土地废弃	机会成本法
		保肥	影子价格法

续表

评价项目	评估指标体系	评估参数	评估方法
最终 服务	休闲旅游	旅行费用、时间、消费者剩余	旅行费用法
	科研教育	论文投入	影子价格法
	授粉	农作物产量	生产函数法
中间 服务	净初级生产力	NPP	影子价格法
	地下水补给	地下水补给量	影子价格法
	涵养水源	涵养水源量	替代成本法
	营养循环	土壤 N、P、K 含量	影子价格法
	生物多样性维持	生物多样性维持	支付意愿法

3. 湿地生态系统服务价值评估方法

目前国内外学者主要运用以下方法对湿地生态系统服务价值进行评估。

1）市场价值法

根据市场价格对研究对象的经济价值进行评价的方法，即对有市场价格的生态系统产品和功能进行估价的一种方法，主要是用于生态系统生产的物质产品的评价，适用于没有费用支出但有市场价值的环境效应价值核算，如湿地野生动植物产品等，这些自然产品虽然没有市场交换，但它们有市场价格，因而可以按市场价格来确定它们的经济价值。评价对象包括食品、医药、工农业生产原材料等物质产品。市场价值法可以直观地评估湿地生态系统服务的某些价值，是当前学者和公众普遍接受的评估方法。

2）边际机会成本法

机会成本是指在其他条件相同时，利用一定的资源获得某种收入时所放弃的另一种收入。对于自然资源来说，边际机会成本会随着产量和稀缺程度的变化而变化，通常随着时间的推移，自然资源的单位机会成本逐步增加，所以由其边际机会成本来决定。自然资源的边际机会成本反映了以单位自然资源对社会所付出的全部代价，即包括生产者收获自然资源花费的成本、生产所得的利润、因收获自然资源对他人及未来社会造成的损失，反映了自然资源稀缺程度变化的影响。边际机会成本=边际生产成本+边际使用成本+边际外部成本。该方法是对生态价值进行定价的常用方法，简单实用，易被公众理解和接受，但无法评估其非使用价值。

3）替代法

用于对生态系统服务的非使用价值定价的方法，可分为以下几种。

① 替代花费法：当生态系统服务价值不能用市场价格直接计算时，用替代物品的市场价格来计算该生态系统服务的价值。如用科研投入和教育投入的经费来替代湿地的科研文化价值。

② 人力资本法：将生态系统服务价值转化为人的劳动价值，利用市场价格、工资收入、医疗费用等来确定个人对社会的潜在价值和个人遭受健康损失的成本，从而来估算生态环境变化对人体健康影响的损益。如在计算湿地的净化作用时，可以根据净化作用减少了污染，从而促进人体健康，减少了人体的疾病率和死亡率，增加了劳动价值，并且减少医疗费用开支等来替换湿地生态系统净化功能的价值。

③ 影子工程法：用建设人工工程替代生态系统提供的功能服务的花费来估算生态系统某些功能服务的价值。如一个湿地的涵养水源功能的价值等同于建设一个同等容量的水库所需要的花费。

④ 恢复成本法：用恢复湿地生态系统某一或某些服务的费用来替代湿地生态系统某一或某些服务的价值大小。应用这种方法的典例是 Gosselink（1974）所作的一项用安装污水处理设备费用来估算湿地净化污染物功能的研究。

⑤ 避免成本法：又称预防费用法，是根据保护湿地或湿地生态系统服务免受破坏所需要投入的费用来估算湿地生态系统服务价值的方法，如洪水控制（避免了财产损失）、废水处理（避免了给人类带来的健康问题）等。

4）费用支出法

费用支出法是指从消费者的角度来评价生态系统服务功能的价值，是一种实用、基础和方便的湿地游憩价值评估方法，主要是将游客旅游时的各种费用支出的总和或部分费用的总和作为湿地旅游地的经济价值。常常用来评价那些没有市场价格的自然景点或者环境资源的价值，通过旅游者在消费这些环境商品或服务所支出的费用，对湿地旅游价值进行估算。费用支出法又分为区域旅行费用法、个人旅行费用法、随机效用法。

5）条件价值法

条件价值法主要用于估算生态系统服务的非使用价值的方法。它主要是藉由若干假设性问题的安排，以问卷、访谈或实验为工具，对非市场财货所设的一个假想市场，并提供假设市场的讯息，直接询问受访者对非市场财货品质改善或恶化所愿意付的最大金额或最低愿受补偿金额，这些假设性问题并非以受访者对事物的意见或态度为内容，而是以个人在假设性条件下对事物的评价为主，主要用于评价野生生物、废物处理、净化水源和控制侵蚀等方面。

4. 国内外湿地生态系统服务价值评估研究进展

1）国外湿地生态系统服务价值评估研究进展

国外对湿地效益的评价工作开展得较早。20世纪初，美国为了建立野生动物保护区，特别是迁徙鸟类、珍稀动物保护区而开展了湿地评价工作。20世纪70年代初，美国麻省理工大学 Larson 等，在强调根据湿地类型评价湿地的功能，并以受到人类活动干扰的自然和人工湿地为参照的基础上构建了湿地快速评价模型，该模型在美国和加拿大等国家得到广泛的应用，并进一步推广和应用到许多发展中国家。

湿地生态系统服务价值评估则是从1972年 Young 等就水的娱乐价值进行评价开始，以后有许多研究机构对不同河流的娱乐经济价值以及河流径流、水环境质量对娱乐价值的影响开展了评价（Young，1972）。Wilson 等（1999）对美国1971—1997年的淡水生态系统服务经济价值评估研究作了总结回顾，其中大多数研究涉及河流生态系统的娱乐功能评估，评价方法也多限于旅行费用法、条件价值法和享乐价格法。1990年，Costanza 等对占美国海岸湿地资源40%的路易斯安那海岸沼泽地进行了评价，所计入的价值有商业捕鱼、捕毛皮兽、游乐和防风暴。英国的 Maltby 研究了湿地生态系统功能与评价方法，认为美国的评价方法在欧洲不适用，并开展了多国间河岸湿地对比研究（Maltby，1994）。奥地利的 Kosz 使用费用-效益分析来确定建立"Donau Auen"国家公园的不同方案的经济影响（Kosz，1996）。Richard 等（1996）除阐述湿地提供的生态功能和生态服务，并系统总结湿地生态系统服务价值评价案例及方法外，还提出了一个非市场价值评价的工具——复合分析（meta-analysis），即分析不同案例研究的结果，求得平均值，修正单个案例研究可能出现的偏差，同时指出了以往多个湿地研究案例中价值估算出现偏差的原因及其影响湿地价值估算的因素，使生态系统服务价值评价更加准确。Turner R. Kerry 等（2002&2003）提出了湿地生态经济分析的框架，出版了《湿地管理：一种生态经济方式》，结合几个案例分析，总结了湿地生态系统经济价值评价的理论、方法以及在可持续发展战略中的应用。Bergh 等（2004）对湿地生态经济系统的空间性进行了分析，对湿地生态经济系统建立模型进行了评估。Schuyt 在《湿地退化给非洲人民带来的经济后果》中综合了几个在非洲发展中国家开展的研究实例，阐述了湿地不仅对当地人民，而且对湿地以外的人民都具有经济价值（Schuyt，2005）。Tilley 和 Brown 改进了 Odum 的 Extend 模型动态能值分析，引入瞬时水文参数，评估了美国佛罗里达南乔治亚州戴德县黑湾的雨洪湿地生态系统服务价值（Tilley and Brown，2006）。Brown 等（2010）运用能值分析法对法国富瓦流域湿地恢复价值进行了评估，恢复价值包括经济价值、资源价值和环境价值。Pert 等（2010）通过问卷调查对澳大利亚墨累—达令流域湿地水调节服务所带来的生物多样性进行评价。Posthumus 建立了评价洪泛区土地利用状况的指标体系，其指标包括农业生产情况、经济回报、雇佣率、土壤质量、洪水蓄滞情况、水质、温室气体排放、栖息地保护等，评价了英格兰洪泛平原湿地生产功能、调节功能、载体功能、栖息地功能和信息文化功能的服务价值（Posthumus，2010）。Maltby 等（2011）针对湿地的水文、生物地球化学和生态功能，运用问卷调查并加权得分计算法计算了洪水蓄滞、地下水补给、地表水流出、泥沙沉淀、营养物排除、重金属追踪、氮磷沉淀以及生物多样性的价值。Christie 等（2012）利用评估生物多样性的货币及非货币方法评估了次发达国家湿地生态系统的生物多样性价值（Christie et.al.，2012）。Ibarra 等运用非市场价值法——替代工程法计算了美国墨西哥城霍奇米尔科湿地的农业生态系统的水质改善价值、碳固定价值以及生物多样性价值。Sander 和 Haigh 运用享乐价值法计算了美国明尼苏达州的湿地城市周边地带植被覆盖与相邻水域带来的文化价值的增加，其中增加的价值有房地产价值、户外娱乐价值、美学价值（Sander and Haight，2012）。

2）国内湿地生态系统服务价值评价研究进展

我国对湿地的研究开始于 20 世纪 60 年代的全国范围内的大面积沼泽调查研究，20 世纪 80 年代和 90 年代初开始对湿地单一的自然要素的定性评价，20 世纪 90 年代后期开始湿地生态系统的定性研究和湿地价值的定量研究，21 世纪以来，关于湿地生态系统的生态服务内容及其价值评估研究成为研究热点，近年来关于湿地生态系统服务价值的研究集中在湿地的评价和机制形成，以及符合我国国情的评价方法探索研究方面。总体来说，湿地生态系统服务价值评价经历了从单一湿地要素到复合湿地系统、从特定服务类型到全部服务类型的发展过程，评价模式也逐渐从定性描述发展到使用量化手段对湿地生态系统服务进行经济价值估算，目前已形成较为公认的价值构成体系和一些相对成熟的经济价值评估方法。

（1）针对某一湿地生态系统的生态服务价值评估研究。

崔丽娟综合国内外研究的基础上，在其所著的《湿地价值评价研究》一书中提出了比较系统的定量评估湿地综合价值的方法，并于 2002 年运用市场价值法、费用支出法、影子价格法等对扎龙湿地生态系统的生态服务价值进行评估，得出其使用价值为 112.66 亿元/a，非使用价值为 43.81 亿元/a，合计生态服务功能总价值为 156.47 亿元/a（崔丽娟，2001&2002）。辛馄等（2002）运用环境经济学、资源经济学、模糊数学等方法，对辽河三角洲的盘锦湿地生态系统的物质生产、气体调节、水调节、净化、栖息地、文化、休闲等七大生态服务价值进行了评估，得出该湿地生态系统的生态服务价值为 62.13 亿元/a，是当地国民生产总值的 1.2 倍。王学雷等（2002）研究了洪湖湿地生态系统的生态服务价值。吴玲玲等（2003）利用市场价值法、造林成本法、影子工程法、费用替代法以及专家评估法等方法，对长江口湿地生态系统的生态服务价值进行了评估。孙玲等（2004）研究了大丰市滩涂生态系统的生态服务价值。庄大昌（2004）运用资源经济学和生态经济学的理论和方法，对洞庭湖湿地生态系统的直接利用价值和间接利用价值进行了货币化评估，得出洞庭湖湿地的生态服务总价值为 80.72 亿元/a。郝运等（2004）研究了向海湿地生态系统的生态服务价值（郝运等，2004）。崔丽娟（2004）对鄱阳湖湿地生态系统的涵养水源功能、洪水调蓄功能、保护土壤功能、固定 CO_2、释放 O_2 功能、污染物降解功能、生物栖息地功能的价值进行了评估，得出鄱阳湖湿地生态服务功能的总价值为 362.7 亿元/a。张天华等（2005）研究了西藏拉鲁湿地生态系统的生态服务价值。赵平等（2005）研究了上海崇明东滩湿地生态系统的生态服务价值。王伟等（2005）研究了温州三垟湿地生态系统的生态服务价值。沈万斌等（2005）采用实例的方式对人工湿地服务功能的价值进行了评估。陈鹏（2006）研究了厦门湿地生态系统的生态服务价值。贺桂芹等（2007）运用市场价值法、影子工程法、碳税收法等，计算出西藏高原湿地生态系统总的生态服务价值为 6207.83 亿元，功能价值量大小依次为降解污染、大气组分调节、调蓄洪水、气体调节、科研文化和生物栖息、水源涵养。张华等（2008）依据辽宁省 1995—2000 年全省湿地资源的调查数据，对辽宁省湿地生态系统（近海及海岸湿地、河流湿地、湖泊湿地、沼泽和沼泽化草甸湿地、库塘湿地五大类、11 种类型）提供的物质生产、环境调节和人文社会三大类共 8 项服务功能的经济价值进行了估算，得出辽宁省湿地生态系统服务总价值为 741.54 亿元/a，相当于 2000 年全省生产总值的 15.9%，其中湿地的环境调节功能价值最大。王致萍等（2008）对兰州银滩湿地生态系统服务价值进行了评估。俞玥等（2012）基于 CVM 分析了保护新疆天池湿地永续发展的支付意愿，并对新疆天池湿地的生态系统服务非使用价值进行估算，得出新疆天池生态系统服务非使用价值约为 0.52 亿元/a。

（2）针对湿地生态系统的某一项生态服务功能的价值评估研究。

肖玉等（2005）对稻田湿地生态系统的氮素吸收功能及其价值进行了评估。刘敏超等（2006）对三江源区植被固碳释氧功能及其价值进行了评估。刘晓辉等（2008）通过固碳量及价值量评估方法，对比分析 1982 年、1995 年、2000 年和 2005 年这 4 年三者固碳功能及其价值的差异。张灏等（2013）运用市场价值法和影子工程法，对黑河湿地自然保护区调洪蓄水和提供水源生态功能的价值进行估算，结果表明研究区湿地调洪蓄水价值为 10.86 亿元，提供水源价值约为 3.82 亿元。通过计算保护区湿地年水汽蒸发和植被蒸腾量得出每年气候调节功能的价值为 3.29 亿元。庞丙亮等（2014）基于 CASA 估算模型分别对扎龙湿地的植物固碳和土壤碳储存价值进行了评价，并探讨了扎龙湿地固碳价值的空间分布特征。魏强等（2015）应用 M. Hoel 和 T. Sterner 提出的经济模型，分析了贴现率和边际价格变化综合影响下的三江平原湿地生态系统生物多样性保护价值变化过程，研究了收入边际效用弹性和替代弹性对贴现率和边际价格变化综合效应的影响，并通过对比传统贴现方法揭示了三江平原湿地生态系统生物多样性保护所蕴含的巨大经济价值。康晓明等（2015）基于条件价值法（CVM）对吉林省湿地的生物多样性维持服务价值进行定量评价，结果表明：吉林省湿地 2012 年人均支付意愿值为 120.7 元/a，根据全国和吉林省人口总数计算的吉林省湿地生物多样性维持服务价值分别为 1005.1 亿元和 20.8 亿元。王继燕等（2015）综合传统模型结合遥感技术对湿地植被净初级生产力估算模型进行了分析研究。

3）针对湿地生态系统服务价值评估的方法探索

张文娟等（2009）剖析了湿地生态系统服务功能的现状评价模式存在的主要不足，提出评价模式的改进应当以维持湿地生态系统健康和支撑区域社会经济可持续发展为研究目标，面向湿地生态系统管理方向补充评价内容，完善评价体系，强调人为活动干扰对湿地生态系统服务的影响及反馈分析，重视人类社会对服务功能需求的评价，并详细阐述干扰评价、需求评价和服务功能供需平衡分析的主要内容、方法和难点。宋豫秦等（2014）针对目前对时空差异性服务价值评估和湿地生态系统服务的总价值评估中存在难以量化和重复计算的问题，从湿地生态系统服务的定义、分类和受益人出发，提出了时间-空间-能值经济分析的多维度价值评估方法，以定量计算时空差异性服务价值和系统的总服务价值，并探讨了该方法在淮河流域八里河湿地生态系统中的应用以及对其他类型生态系统服务研究的借鉴意义。李伟等（2014）通过分析湿地生态系统服务价值评价重复性计算产生的原因，提出了一个包含最终服务的确定、指标的明确、模型的构建以及评估方法的选择等的具体的解决框架。

第三节
湿地公园生态系统服务价值评估研究现状

1. 国外湿地公园生态系统服务价值评估研究进展

国外众多学者对湿地公园生态系统服务价值评估研究方面主要针对某个公园中的自然湿地和人工湿地开展相关研究工作（Wu J，2005），研究对象仅以湿地资源为切入点，除菲律宾和南非外，研究过程中并未提出"湿地公园"的概念（Sumitha M，2001；Schleyer，2005）。

国外早期对含有湿地资源分布的公园开展的相关研究主要集中在湿地水环境研究（Peiffer，1999；Nevado，1999；Gereta，2004）、动植物栖息地及生态因子的相关性研究（Rencz，2003；Diamond，2005；Acost，2000）、湿地植被及景观生态学研究（Sousa，2003；Hartter，2009）。湿地生态系统服务价值评估则是从1972年Young等就水的娱乐价值进行评价开始，之后有许多研究机构对不同河流的娱乐经济价值以及河流径流、水环境质量对娱乐价值的影响开展了相关评价工作（Young et al.，1972；Wilson，1999）。Turner等出版的《湿地管理：一种生态经济方式》，结合相关案例分析总结了湿地生态系统经济价值评估的理论、方法以及在可持续发展战略中的应用。在这些研究中，基本采用了环境生态学、景观生态学、环境经济学、管理学等方法对"湿地公园"进行研究，认为"湿地公园"在保护生态系统完整性的同时，有必要体现其科研和游憩价值（Turner et al.，2003）。

2. 国内湿地公园生态系统服务价值评估研究进展

国内湿地公园概念的出现也是近几十年才开始的，研究工作主要集中在湿地公园生态旅游系统研究方面，即对湿地公园的规划设计（周建东，

2007；张金生，2014)、建设运行（崔丽娟，2009)、生态旅游经营（郑燕，2011)、生态影响（王立龙，2010)、水环境（郑囡，2011)、健康评价（马冲亚，2011) 和修复（李静霞，2007；赖荣一，2011) 等研究。近几年来，部分学者开始尝试开展对城市湿地公园的生态系统服务价值的研究。

王建华等（2007）采用市场价格法、替代成本法、影子工程法、享乐价值法等对长春市南湖公园各项生态系统服务进行了价值估算，得出长春市南湖公园生态系统服务总价值为 31.3 亿元/a。其中，休闲娱乐、景观欣赏、精神文化和教育科研等社会文化服务价值接近 31.2 亿元/a，约占总价值的 99.57%，显示了城市公园作为城市的开敞绿色空间，在城市自然景观资源方面的稀缺性特点以及在满足城市居民文化和精神生活方面的重要作用。黄新民等（2007）分析了拟建的湖南东江湖国家湿地公园的资源（产）与服务功能体系，并对其价值进行了定量估算，得出东江湖湿地公园总价值不完全估计可达 1 057 070.74 万元/a。赵美玲等（2008）参考 Costanza 等提出的生态系统服务功能分类方法和市场价值法、费用支出法、影子价格法、成果参照法等方法，对唐山南湖湿地公园生态系统服务功能进行了分类和价值评估。结果表明：南湖湿地公园的生态服务功能总价值为 10 244.40 万元，其中物质生产价值最大，占总价值的 73.33%，其次是生物栖息地和降污净化价值，最后为科研教育、旅游休闲、调节气候价值；并根据南湖湿地公园主要生态功能及开发利用现状，提出了对其进行结构调整、合理开发利用与保护的建议。李旻宇等（2009）运用多种生态经济学方法，包括市场价值法、旅游费用法、影子工程法、碳税法和造林法等多种生态经济学方法，将呼和浩特南湖湿地公园生态系统服务功能分为具有直接使用价值的生产产品功能和具有间接使用价值的生命支持系统功能，并对其开展了生态系统服务价值评估研究工作，得出呼和浩特南湖湿地公园的直接使用价值约为 249 万元，间接使用价值约为 2.07 亿元。刘飞（2009）通过实地考察，针对湿地的特点，依据生态经济学的原理，运用直接市场法、替代市场法、条件价值法等多种价值评估方法，对淮北市南湖湿地（由采煤塌陷形成的，经过多年的生态恢复已经建设成为国家湿地公园）的生态系统服务的直接使用价值、间接使用价值和非使用价值进行货币化评估，得出南湖湿地主要生态服务价值量总和计 3544.4 万元/a，其中物质生产功能的价值最大，其次是非使用价值。张寒月等（2011）利用多种价值评估方法，对福建省泉州市西湖城市湿地公园的 8 项生态系统服务价值进行了评估。王广军等（2014）利用市场价值法、旅游费用法和影子工程法等方法对广西北海滨海国家湿地公园生态系统服务功能进行了分类和价值评估，结果表明：北海滨海湿地公园的生态服务功能总价值为 13 605.4 万元/a，其中物质生产、旅游科研等直接利用价值为 3871.7 万元/a，气候调节、生物多样性、调蓄洪水等间接利用价值为 9733.7 万元/a。同年，吕晓倩、金阳分别对济州国家湿地公园和南阳白河国家湿地公园的生态系统服务价值进行了研究（金阳，2014；吕晓倩，2014）。姚跃明等（2015）用直接市场法、替代市场法、假想市场法等多种生态系统服务价值评估方法，评价了雪峰湖国家湿地公园生态系统服务价值，得出雪峰湖国家湿地公园总生态系统服务价值为 720 448.1 万元/a，以物质生产价值最大，为 465 452 万元，占总价值的 64.61%；其次为水文调节价值，为 20 2340 万元，占总价值的 28.09%；净化水质价值居第三，为 4267.96 万元，占总价值的 5.87%；其余价值，如休闲旅游、科研文化的价值低于 10 000 万元。

第四节
研究评述

纵观各类研究成果可知，国内外对生态系统服务价值的研究对象早期以大尺度生态系统为主，特别是全球和国家尺度，优点在于有利于认识区域层次的生态资产，这与社会政治的特征尺度相吻合，便于从国家层面有效实施有关环境决策，缺点在于缺乏微观层面小尺度特定生态系统或特定生态系统服务的精确评价，不利于认识局部特征或特异现象，不便于局地尺度的生态管理工作。目前，国内外逐渐开始关注小尺度生态系统，如森林、海岸、海洋珊瑚礁、湖泊、湿地、河口、河流、陆地、草原等，而对湿地公园生态系统的研究仍然较少。现阶段关于湿地公园生态系统服务价值评估的研究主要存在以下几点问题或不足。

1）指标针对性不强，评价主体范畴不明确

由于自身组成要素的复杂性和受到人类活动的强烈影响，湿地公园不同于一般的湿地生态系统，其生态系统服务价值评估的指标应该和一般湿地生态系统有所差异，目前，湿地公园生态系统服务价值评估指标一般直接借鉴于不同湿地的评估指标体系，实际上湿地公园和传统定义上的湿地服务功能的侧重点有所不同，湿地公园内部的群落类型更丰富，生态服务的对象更侧重于居民和环境，服务范畴更广，尤其是对社会服务方面功能更强，而作为服务主体的湿地公园受到人为干扰的程度更大，其脆弱性也随之增强。

2）指标计量方法有待改善

在湿地公园生态系统服务价值评估的指标计量方面，目前多直接利用湿地生态系统的评估方法。然而，湿地生态系统与湿地公园的生态系统服务指标效益量和作用方式不可能完全相同，而且一个指标有多种计量方法，大多是科研人员根据研究需要，在不同区域和尺度上开展的相对独立的研究，缺乏公认性和可比性，价值评估结果很难指导实践，难以应用于管理和决策部门，因而缺乏一个具有普遍意义的、相对统一的、适合湿地公园生态系统服务价值评估的指标计量方法。

3）缺乏精细化分类评估

目前已有的湿地公园生态系统服务价值评估仍处于宏观的粗犷评估阶段，缺乏精细化微观评估，主要表现在没有针对群落类型进行细分，和对不同的植被类型进行分类评估，如湿生植被和陆生植被分开评估或仅对湿生植被进行相关评估等，并直接借鉴单一生态系统类型的服务价值评估方法进行价值量的估算，没有进行不同植物群落类型的生态系统服务价值差异化的精细评估。

4）人居环境改善价值有待进一步研究

由于湿地公园或城市湿地生态系统所处的地理位置的差异性，使其人居环境改善形式差异较大。目前，国内外针对湿地公园或城市湿地生态系统的人居环境改善价值评估的研究主要采用溢价租金法或溢价收益法，利用湿地公园或城市湿地生态系统周边不同距离的房地产价格差异来衡量。然而，湿地公园或城市湿地生态系统周边人居环境的社会性、广泛性、无形性和开放性等复杂特征，使其在城市生态系统中的生态系统服务价值的重要性难以准确把握和精准度量，人居环境改善的辐射范围难以准确界定，以至于目前关于湿地公园或城市湿地生态系统的人居环境改善价值评估研究较少，缺乏统一的标准和方法，其研究技术难以科学突破，尚处于探索阶段。在今后关于湿地公园或城市生态系统服务价值评估研究中，有待进一步加强人居环境改善价值评估的理论与方法研究。

第四章

四川南河国家湿地公园生态系统
服务价值评估概述

第一节
评估背景

    湿地、森林与海洋并称为全球三大生态系统，占全球自然资源总值的45%。湿地是大气圈、水圈、岩石圈与生物圈的交汇处，是多种引力交叉作用的地带，无论从生态学还是从经济学的角度，湿地都是全球最有价值和生产力最高的生态系统，也是广泛分布于世界各地的重要自然景观。湿地因具有巨大的水文和元素循环功能，被誉为"地球之肾"，因具有巨大的食物网、支持多样性的生物而被看作"生物超市"，是自然界中最具生产力的生态系统和人类最重要的生存环境之一。湿地不仅为人类的生产、生活提供多种物质资源，而且具有重要的生态功能和社会经济价值，在抵御洪水、调节径流、蓄洪防旱、控制污染、调节气候、控制土壤侵蚀、促淤造陆、美化环境等方面有着其他生态系统不可替代的作用，因而湿地又被誉为"淡水之源""生命的摇篮""物种的基因库""文明的发祥地"等。

    湿地生态系统为人类的生存和发展提供了大量的可直接利用资源，同时也发挥了强大的生态效益。湿地生态服务功能是维持人类生存与推进生态文明建设的根本前提，维护与保护湿地生态系统服务功能是实现整个社会可持续发展的重要保障。湿地公园建设与评估是加强湿地资源保护的有效措施之一，既有利于调动社会力量参与湿地保护与可持续利用，又有利于充分发挥湿地多种功能效益，同时可满足公众需求和社会经济发展的要求，通过社会的参与和科学的经营管理，达到保护湿地生态系统、维持湿地多种效益持续发挥的目标。

1. 国际背景

湿地是世界上分布较广的生态系统之一，全球湿地总面积约为 5.7 亿 hm^2（570 万 km^2），占全球陆地面积的 6%左右。湿地为人类提供净初级物质生产、碳蓄积与碳汇、调节气候、涵养水源、水土保持和防风固沙、改良土壤、维持生物多样性等多种产品和服务。然而，受气候变化和人类活动的干扰，据估计在近一个世纪以来，全球湿地总面积减少了约 50%（Holdrem et al.，1974；National Research Council，1995）。其中美国、澳大利亚、中国、加拿大等地区的湿地消失率在 50% 以上，新西兰和欧洲消失了 90%以上的原始湿地（Mitsch et al.，2000；吕宪国，2004）。

专栏 4-1　全球湿地退化概略

除了南极洲，全球都可以找到湿地的踪迹。根据世界自然保育监察中心估计，湿地占全球陆地面积的 6%，总面积约为 5.7 亿公顷，其中 2% 为湖泊、30%为泥塘、26%为泥沼、20%为沼泽、15%为泛滥平原。

加拿大湿地面积居世界首位，约有 1.27 亿公顷，占全世界湿地面积的 24%；美国有 1.11 亿公顷，跟着是俄罗斯，中国湿地面积约为 3848 万公顷（包括稻田和人工湿地），居世界第四位、亚洲第一位。

即至现时为止，有关全球湿地退化的情况并没有准确而全面的资料，现存的数据虽然具参考价值，却不足以反映湿地退化的实况，实际的情况可能远比估计严重。根据经济合作与发展组织（OECD）的估计，从 1900 年开始，全球在一个世纪之间约失去了一半的湿地。在 20 世纪的上半叶，流失的湿地主要在北半球地区，但自从 50 年代起，愈来愈多位于热带与亚热带的湿地被改变用途而流失。

亚洲：多个世纪以来，湿地被亚洲人用作种植稻米或其他农作物，已经令许多原始湿地体无完肤，如越南的红河三角洲、巴格达的 Sylhet 盘地、中甸低地一带，原本都有大片湿地，但都早已人间蒸发，不留下半点湿润的痕迹。印度、泰国亦因为种植稻米而丧失大量湿地。

现时，印尼已有 31%的湿地完全流失，新加坡、菲律宾、泰国亦分别丧失了 97%、78%及 22%的红树林；另外，许多亚洲国家亦丧失了大量泥炭地，以色列（100%）、泰国（82%）、西马来西亚（71%）、印尼（18%）、中国（13%）的情况尤其严重。

伊拉克 90%的自然湿地已经消失，而排灌工程和水坝阻止河流的流动是造成这个结果的部分原因。同样阿富汗和伊朗共有湿地 99%已经干

润，巴基斯坦的赫新基水塘受邻近的造纸厂及炼糖厂的废水严重污染，附近的野生生物因而绝迹。

北美洲：由 1780 年至 1980 年间，美国本土（不包括亚拉斯加及夏威夷群岛）就损失了 53% 的湿地，其中俄亥俄州及加州，分别失去 90% 及 91% 的湿地。在美国毗邻的加拿大，同样面临严重的湿地退化威胁，65% 的大西洋潮汐盐沼、70% 近大湖及圣罗伦斯河的沼泽、71% 的草地塘沼及泥沼、80% 太平洋海岸的湿地都被更改作其他用途，如农耕、堤坝、都市及工业发展、兴建码头、筑路、水力发电设施及文娱康乐设施等。另外，墨西哥亦失去 35% 的原生湿地。

南美洲：南美洲的湿地以往较少受到破坏，但近年湿地退化的情况愈来愈严重，但确实退化情况仍然缺乏数据。就已知的资料显示，在 1950 至 1980 年间，哥伦比亚的 CaucaRiverValley 已失去 88% 已发现的湿地。主要原因是填海、排水、河道更改及污染。在 1970 至 1987 年，哥伦比亚的 MagdalenaRiverDelta 亦有 80% 的红树林死去。

欧洲：欧洲多国同样出现严重的湿地退化问题。荷兰、德国、西班牙、希腊、意大利、法国已有过半的湿地干涸消失。以英国为例，自二次大战后丧失逾半数的低地沼泽、23% 的海湾湿地、50% 的盐沼及 40% 的湿草原。

另外，西班牙南部偌大的科塔多那娜湿地，由于地下水位被分流作种植草莓及供水发展旅游业，导致湿地逐渐干涸。多瑙河新建的堤坝对栖于泛滥平原的野生生物种群造成严重祸害，妨碍数以百计家庭的供水，也影响农地及渔业资源的质素。

非洲：在 Natal 的 TugelaBasin，已失去超过 90% 的湿地，而 Mfolozi 流领亦有 58% 的湿地消失。

澳纽：在澳洲，维多利亚省、南澳分别有 26.8% 及 89% 的湿地消失，而纽西兰亦已丧失 90% 的原始湿地。

湿地生态系统大面积退化，由此派生了一系列的生态、经济、环境和社会问题，无声的危机给人们的生存与发展造成了巨大威胁。全球很多国家和地区都在不同时期经历过和正在经历着湿地退化所造成的生态和社会问题的困扰。联合国《千年生态系统评估》指出，人类活动已给地球上 60% 的草地、森林、农耕地、河流和湖泊带来了消极影响，60% 的人类赖以生存的"生态服务"退化或以非理性方式开发，各类服务功能呈下降趋势，而且这种趋势可能在未来 50 a 内仍然不能有效扭转，生态环境保护与社会经济发展问题矛盾亦日益激化，人类福祉和经济发展受到的冲击正在日益加剧（MA，2001；Suttie et al.，2005）。由此可见，开展湿地公园生态系统服务功能及价值评估现实意义重大，可提高人类对湿地生态系统服务功能的全面认识，增强人类保护湿地的积极性。

2. 国家层面

作为地球上重要的生态系统类型，湿地有着一系列不可替代的水文功能、生境功能和地球化学循环功能，然而湿地已成为地球上受威胁最严重的生态系统，许多湿地正经历着退化和丧失，湿地生态服务功能出现明显衰退趋势。我国作为发展中国家，在社会经济快速发展的背景下对湿地资源产生着严重威胁，湿地资源正承受着前所未有的压力。据第二次全国湿地资源调查数据显示，全国湿地总面积 10 a 内（与第一次调查同口径比较）减少了 339.63 万 hm^2，减少率为 8.82%。其中，自然湿地面积减少了 337.62 万 hm^2，减少率为 9.33%。由此可见，目前我国的湿地资源状况可说是岌岌可危。除气候变化等自然因素外，人类活动占用和改变湿地用途是主要原因。围垦和基建占用是导致湿地面积大幅度减少的两个关键因素。

我国拥有亚洲最大的湿地面积，约为 3848 万 hm^2，湿地类型众多，是世界湿地的重要组成部分。自 1992 年 3 月 1 日我国加入《湿地公约》以来，全国已建立了众多国际重要湿地、国家湿地自然保护区、国家湿地公园等湿地保护地。进入 21 世纪以来，党中央、国务院对湿地保护更加重视。2000 年 11 月 8 日正式发布了《中国湿地保护行动计划》；2004 年 2 月 2 日批准通过了《全国湿地保护工程规划（2004—2030 年）》以及该规划的"十一五"和"十二五"实施方案，下发了《关于加强湿地保护管理的通知》（国办发〔2004〕50 号）；2005 年国家林业局成立了湿地保护管理中心，主要职责是推进履行国际《湿地公约》；2013 年，国家林业局湿地保护管理中心贯彻落实党的十八大和十八届三中全会精神，围绕生态林业和民生林业的总体部署，通过加强湿地保护法律法规建设、完善湿地保护体系、探索湿地补偿制度、推进湿地公约履约、强化宣传教育等多项措施，为推进生态文明、建设美丽中国持续发力（国家林业局湿地保护管理中心，2014）；2015 年 4 月 25 日，中共中央国务院印发了《关于加快推进生态文明建设的意见》（中发〔2015〕12 号），进一步明确了湿地生态文明建设目标、湿地保护与恢复等重大生态修复工程任务，强调"在分解落实湿地保护红线及完善湿地保护体系的基础上，建立湿地生态效益补偿制度，确保 2020 年全国湿地保有量达到 8 亿亩以上，自然湿地保护率达到 55%"等。最近 5 年，每年中央一号文件和《政府工作报告》都对湿地保护提出了要求，中央林业工作会议提出要建立湿地生态效益补偿机制，十八大报告也强调要"扩大森林、湖泊、湿地面积，保护生物多样性"。

由此可见，湿地的重要性以及湿地面临的种种压力，使人们加深了对湿地存在意义的认识和生态服务系统服务的了解，在寻求保护利用和恢复、建立湿地生态效益补偿机制的途径上，开展湿地公园生态系统服务价值评估迫在眉睫。

3. 省级成效

2006 年四川省林业厅等有关厅局编制了《四川省湿地保护工程规划》，明确提出了湿地保护的规划思想与目标、总体布局与建设重点、湿地保护与管理规划以及规划保障举措。2010 年四川省第十一届人民代表大会常务委员会第十七次会议通过了《四川省湿地保护条例》。既明确了湿地的范围、保护原则和管理体制，又明确了湿地保护投入机制和补偿制度，明确县级政府保护湿地的责任，规定了湿地保护措施、开发利用要求和违法责任等内容，使湿地保护真正有法可依。2014 年 10 月四川省林业厅发布了《四川省林业推进生态文明建设规划纲要（2014—2020 年)》，纲要中强调了"划定湿地红线、推进湿地保护与恢复工程、实施湿地保护与恢复行动、升级一批国家重要湿地、认定一批省级重要湿地"等湿地建设路径，并明确指出到 2020 年湿地保有量控制在 2500 万亩以上的总目标。

与此同时，四川省林业厅等相关湿地管理部门充分利用"世界湿地日""爱鸟周""世界湿地日""保护野生动物宣传月"等特殊时机，通过发放宣传品、举办湿地图片展、利用媒体宣传（广播、电视、报纸等）、举办报告会等多种形式，积极开展湿地保护与宣传教育活动，向人们介绍湿地相关知识和湿地保护的重要意义，提高公众特别是湿地周围的居民对湿地保护重要性的认识。与此同时，省厅还通过召开全省湿地保护管理工作会议，开展《四川省湿地保护条例》宣传行动、湿地保护执法大检查行动、加强湿地保护能力建设行动、湿地恢复建设行动、湿地科学研究与技术推广项目行动、湿地保护国际交流与合作行动、召开新闻发布会等内容，加大湿地宣传力度。

近年来，四川省始终坚持把保护湿地生态系统和改善湿地生态功能作为湿地保护管理工作的重心，不断加强保护管理体系建设，加强湿地调查与监测，并在全省重要湿地区域，划建了一批湿地自然保护区、保护小区和湿地公园等，对典型湿地实施重点保护。湿地公园作为湿地保护与利用的主要途径之一，截至 2016 年 2 月，全省已建立湿地公园数量达到 43 个，其中国家湿地公园 3 个，国家湿地公园试点 22 个，省级湿地公园 18 个。

目前，全省虽已建立了众多湿地公园，在湿地保护、建设上已初见成效，但湿地公园的生态系统服务价值评估尚未深入研究，未形成一套确实可行、具有可操作性或参照性的技术操作规程或实施方案。此外，湿地公园在全省生态文明建设中，湿地生态效益发挥程度如何？湿地生态系统服务价值到底有多大？如何使湿地公园的生态保护及合理利用达到平衡并发挥到最大功效？目前这些问题的诠释与定论尚不清楚。

四川南河国家湿地公园作为省内首个批准建立的国家级湿地公园，在四川省湿地公园建设中具有举足轻重的地位和示范作用，对其生态系统服务价值的评估有利于为全省湿地公园建设提供参照依据，为以后其他湿地公园的生态系统服务价值评估提供示范样板与参照。

4. 地方需求

1987 年广元市政府提出把广元市建成"森林城市"的设想，经过十余年的努力，于 1998 年提出了建设"森林城市"的基本框架。2010 年广元市人民政府提出：要在 2015 年之前成功创建国家森林城市、国家园林城市，启动创建国家生态园林城市、生态文明城市的总体任务。与此同时，《广元市城市总体规划（2010—2020）》中也提出了建设川北生态文化旅游度假基地、嘉陵江上游的生态屏障和具有历史文化底蕴的生态园林城市的发展目标。

四川南河国家湿地公园作为广元市"大南山"生态系统的一期启动工程、广元市创建中国优秀旅游城市的重要标志、广元市建设生态园林城市和生态文明城市的重要组成部分，在很大程度上美化了城市生态环境，促进了城市生态文明建设和社会经济的可持续发展，并为上述城市建设目标与总体发展任务作出了积极贡献。

此外，四川南河国家湿地公园作为省内首个国家级湿地公园，独特的地理区位使其兼具了自然、社会、经济三位一体的"农林城复合生态系统"，所具有的供给、调节、文化、支持等众多生态系统服务功能，在改善城市生态环境、调节局域生态平衡、美化市容等方面发挥着重要作用，通过对湿地公园生态系统服务价值评估更有利于城市生态文明和城市现代化建设。

专栏 4-2 四川省湿地公园简况（截至 2016 年 2 月）

序号	湿地公园名称	级别	行政市（地）	行政县（区）	批准号
1	四川南河国家湿地公园	国家级	广元市	利州区	林湿发 [2013] 165 号
2	四川邛海国家湿地公园	国家级	凉山州	西昌市	林湿发 [2014] 204 号
3	四川构溪河国家湿地公园	国家级	南充市	阆中市	林湿发 [2015] 204 号
4	四川彭州湔江国家湿地公园	国家试点	成都市	彭州市	林湿发 [2009] 297 号
5	四川大瓦山国家湿地公园	国家试点	乐山市	金口河区	林湿发 [2011] 61 号
6	四川柏林湖国家湿地公园	国家试点	广元市	元坝区	林湿发 [2011] 273 号
7	四川犍为岷梣湖国家湿地公园	国家试点	乐山市	犍为县	林湿发 [2011] 273 号
8	四川若尔盖国家湿地公园	国家试点	阿坝州	若尔盖县	林湿发 [2011] 273 号
9	四川南充升钟湖国家湿地公园	国家试点	南充市	南部县	林湿发 [2012] 341 号
10	四川遂宁观音湖国家湿地公园	国家试点	遂宁市	船山区	林湿发 [2012] 341 号
11	四川西充青龙湖国家湿地公园	国家试点	南充市	西充县	林湿发 [2012] 341 号
12	四川新津白鹤滩国家湿地公园	国家试点	成都市	新津县	林湿发 [2013] 243 号
13	四川仁寿黑龙滩国家湿地公园	国家试点	眉山市	仁寿县	林湿发 [2013] 243 号
14	四川营山清水湖国家湿地公园	国家试点	南充市	营山县	林湿发 [2013] 243 号
15	四川阿坝多美林卡国家湿地公园	国家试点	阿坝州	阿坝县	林湿发 [2014] 205 号
16	四川红原嘎曲国家湿地公园	国家试点	阿坝州	红原县	林湿发 [2014] 205 号
17	四川松潘岷江源国家湿地公园	国家试点	阿坝州	松潘县	林湿发 [2014] 205 号
18	四川蓬安相如湖国家湿地公园	国家试点	南充市	蓬安县	林湿发 [2014] 205 号
19	四川平昌驷马河国家湿地公园	国家试点	巴中市	平昌县	林湿发 [2014] 205 号
20	四川隆昌古宇湖国家湿地公园	国家试点	内江市	隆昌县	林湿发 [2014] 205 号

序号	名称	级别	市/州	区县	文号
21	四川绵阳三江湖国家湿地公园	国家试点	绵阳市	游仙区	林湿发〔2015〕189号
22	四川广安白云湖国家湿地公园	国家试点	广安市	广安区、经开区	林湿发〔2015〕189号
23	四川纳溪凤凰湖国家湿地公园	国家试点	泸州市	纳溪区	林湿发〔2015〕189号
24	四川白玉拉龙措国家湿地公园	国家试点	甘孜州	白玉县	林湿发〔2015〕189号
25	四川雷波马湖国家湿地公园	国家试点	凉山州	雷波县	林湿发〔2015〕189号
26	四川云台湖省级湿地公园	省级	宜宾市	南溪县	川林函〔2008〕962号
27	四川七仙湖省级湿地公园	省级	广安市	岳池县	川林函〔2008〕962号
28	四川护安湖省级湿地公园	省级	广安市	广安区	川林发〔2010〕20号
29	四川龙女湖省级湿地公园	省级	广安市	武胜县	川林发〔2010〕20号
30	四川柏林省级湿地公园	省级	达州市	渠县	川林发〔2010〕20号
31	四川宝叶则省级湿地公园	省级	阿坝州	阿坝县	川林护函〔2011〕1194号
32	四川大湖省级湿地公园	省级	遂宁市	射洪县	川林护函〔2011〕1194号
33	四川汉源湖省级湿地公园	省级	雅安市	汉源县	川林护函〔2012〕1099号
34	四川营山望龙湖省级湿地公园	省级	南充市	营山县	川林护函〔2013〕1254号
35	四川宜宾永兴荷莲湖省级湿地公园	省级	宜宾市	宜宾县	川林护函〔2013〕1254号
36	四川炉霍虾拉沱省级湿地公园	省级	甘孜州	炉霍县	川林护函〔2013〕1346号
37	四川屏山金沙海省级湿地公园	省级	宜宾市	屏山县	川林护函〔2014〕1118号
38	四川绵阳明镜塘省级湿地公园	省级	绵阳市	涪城区	川林护函〔2015〕2号
39	四川大竹百岛湖省级湿地公园	省级	达州市	大竹县	川林护函〔2015〕2号
40	四川大竹龙潭省级湿地公园	省级	达州市	大竹县	川林护函〔2015〕2号
41	四川大凉山谷克德省级湿地公园	省级	凉山州	昭觉县	川林护函〔2015〕370号
42	四川雅江那措湖省级湿地公园	省级	甘孜州	雅江县	川林护函〔2015〕370号
43	四川名山清漪湖省级湿地公园	省级	雅安市	名山县	川林护函〔2015〕370号

第二节
评估目的及意义

1. 评估目的

湿地公园作为一个特殊的生态系统,与人类生存环境的关系最为密切,其生态系统的服务功能成为了优化生态环境及人居环境的重要组成部分。湿地公园生态系统服务价值评估是通过一定的技术方法货币化生态系统服务功能的价值,获得一份价值清单,以此更好地指导湿地公园建设和优化生态及人居环境。此外,湿地公园因具有人类扰动的生态脆弱区特性与保持湿地原生境的矛盾,使其未来可能成为人类扰动下生态脆弱区生态系统研究的重要基地,对其研究也将具有重要的生态学理论意义与实践价值。

湿地公园是解决湿地保护与开发利用矛盾的有效途径,是开展生态旅游最重要的形式和载体,也是生态文明建设的重要内容。与此同时,湿地公园可持续发展的本质是既满足人类经济生活与环境的要求,又能不断改善资源本身的质量特征,达到生态、经济与社会效益的协调发展。如何实现湿地公园在生态保护与资源利用之间的合理公平分配,保持生态、经济和社会效益的均衡发展,遏制湿地生态系统服务功能退化趋势,维护区域生态安全和经济发展是当前湿地公园开展生态系统服务价值评估的目的所在。

2. 评估意义

四川南河国家湿地公园坐落于广元市中心人口集中区,位于嘉陵江的一级支流——万源河和南河交汇处,具有重要的生态屏障作用和典型的示范意义。通过对四川南河国家湿地公园生态系统服务功能的价值评估,将湿地公园的生态系统服务功能以货币化价值清单的形式呈现,能更有效地帮助人们认识湿地公园的价值,提高湿地资源的利用率,为人类健康和城市生态环境的营造提供服务,为湿地保护和湿地公园建设提供支撑依据,其研究的现实意义体现在以下几个方面。

1)湿地公园建设的典型示范

对四川南河国家湿地公园开展生态系统服务价值评估,将弥补我省在湿地公园生态系统服务价值评估方面的研究空缺，所形成的一套具有系统性、科学性和可操作性的评估理论、方法和评估指标体系，将在服务湿地公园建设中具有典型的示范地位，尤其可为湿地公园的建设与发展方面为其提供指导。

2）优化政策的支撑依据

生态系统服务价值打破了传统的商品价值观念，把生态系统具有的服务功能及效益以货币化的形式表现出来。四川南河国家湿地公园生态系统服务价值的综合量化评估，获得的一份较详细的湿地公园生态系统服务价值清单，可帮助湿地公园管理者直观了解湿地资源及其生态服务价值，提高湿地公园的资源利用率；将为湿地公园的投资建设、规划与管理提供启示和借鉴，促进湿地公园构建和谐园区、实现可持续发展，并为更好地发挥湿地公园各方面的功能提供政策支撑与指导。

3）惠及民生的生态福利

生态系统服务价值是指生态系统及其生态过程中所形成的有利于人类生存与发展的条件与效用，及其所提供的各种物质产品、环境资源、生态效益、社会服务和美学价值等。联合国千年评估把人类福祉放在核心的位置，生态系统服务的变化影响人类福祉的各组成要素，从而对人类福祉产生重要影响。四川南河国家湿地公园生态系统服务价值的货币化表现形式能更直接地帮助公众了解及认识湿地公园的作用与价值，为湿地公园的科普教育、保护宣传、生态观光、休闲娱乐等活动的开展提供更充分的支持，让公众在切实享受到湿地公园带来的福利的同时，更愿意为湿地公园的长期发展共同努力。

专栏 4-3　生态系统服务与人类福祉

生态系统服务功能是指人类从生态系统中获得的效益，包括生态系统对人类可以产生直接影响的供给功能、调节功能和文化功能，以及对维持生态系统的其他功能具有重要作用的支持功能。联合国千年评估把人类福祉放在了核心位置，将人类福祉组成要素定义为安全、维持高质量生活的基本物质需求、健康、良好的社会关系和选择与行动的自由 5 个方面。生态系统服务功能的变化通过影响人类的安全、维持高质量生活的基本物质需求、健康，以及社会文化关系等而对人类福祉产生深远的影响。同时，

人类福祉的以上组成要素又与人类的自由权与选择权之间相互影响（见图4-1）。

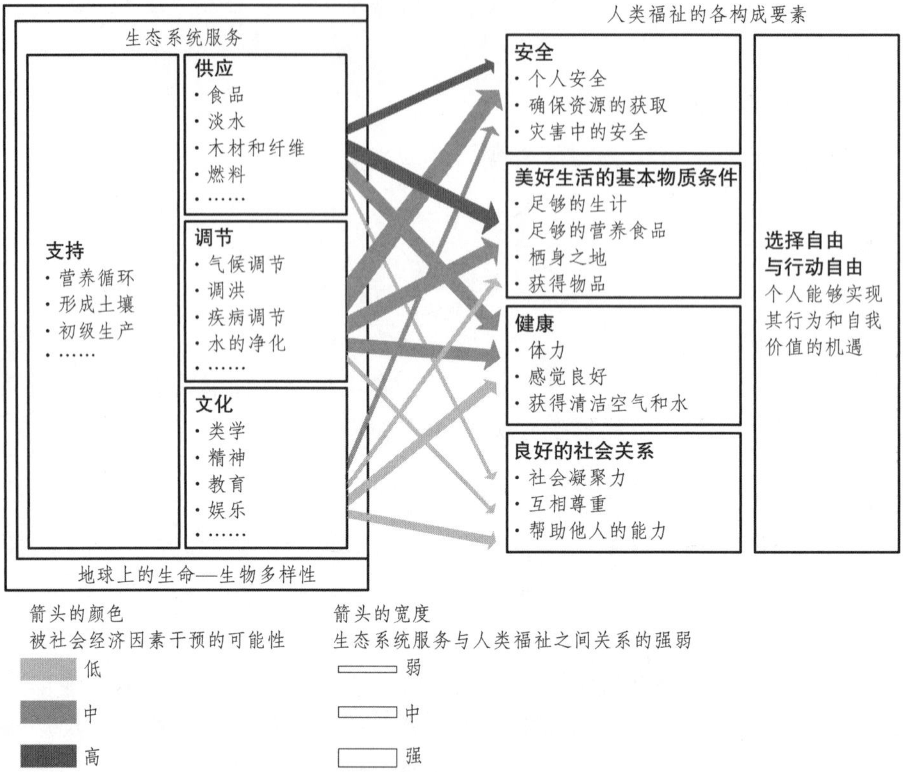

图 4-1　生态系统服务与人类福祉之间的关系

　　该图表示了各种生态系统服务与人类福祉中常见要素之间的联系强度，以及利用社会经济因素对以上联系进行调控的空间（例如，如果可以从市场上购得替代品对某一生态系统服务的退化进行补偿的话，那么该生态系统服务和相关人类福祉要素之间的联系就具有较大的调控空间）。生态系统服务和人类福祉要素之间的强弱程度及其可调控空间是因具体的生态系统和地理区域而异的。除了此处表示的生态系统服务对人类福祉的影响外，其他因素（包括经济、社会、技术与文化因素，以及其他环境因素）也对人类的福祉状况具有影响；反过来，人类福祉状况的改变又对生态系统具有影响。

第三节
评估内容、方法与技术路线

1. 评估内容

根据四川南河国家湿地公园的生态系统资源利用现状和生态系统类型特征以及生态系统服务功能对湿地资源保护与利用、区域经济建设与发展、区域生态安全屏障构建和居民生活依赖（主要指休闲娱乐、旅游观光）等方面的重要性，基于生态经济学原理和可持续发展理论，首先提出了几个思考问题。

（1）四川南河国家湿地公园作为省内首个由国家林业局批准建立的国家级湿地公园，在全省湿地公园建设中的地位与示范效应如何体现？

（2）四川南河国家湿地公园作为广元市生态园林城市和生态文明城市建设的重要组成部分，其湿地生态效益发挥程度如何？

（3）四川南河国家湿地公园历经 10 a 的建设与发展，其生态系统服务价值到底有多大？

（4）四川南河国家湿地公园未来可持续发展中，怎样把握其生态过程价值、社会人文价值、未来潜在价值的建设投入，以及如何平衡三者之间的量比关系？

（5）如何使四川南河国家湿地公园的生态保护与合理利用达到平衡并发挥到最大功效，促进湿地公园可持续发展？

围绕上述问题，在总结与应用国内外研究成果的基础上，从研究的系统性和完整性出发，构建了湿地公园生态系统服务价值评估框架，如图 4-2 所示。

基于以上框架，开展以下主要分析与研究。

1）四川南河国家湿地公园现状

分析目前湿地公园的自然地理、社会经济与发展现状。其中自然地理主要包括区位及优势、地质地貌、气候特征、湿地资源、土壤类型、植被状况、动物组成，社会经济包括湿地公园所在区域（以县区为主）的人口及社会经济概况，发展现状主要包括湿地公园的历史由来、湿地公园成立后的发展历程及建设成效。

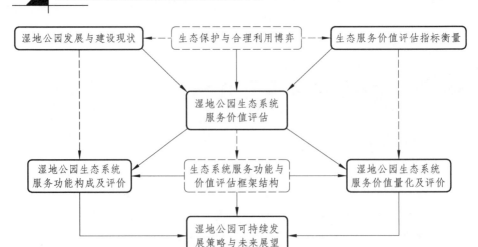

图 4-2　四川南河国家湿地公园生态系统服务价值评估框架

2）四川南河国家湿地公园生态系统服务价值评估框架构成、评估指标体系构建

根据地域差异、空间差异和经济发展水平差异，以及不同类型生态服务功能的重要性当量，提出四川南河国家湿地公园生态系统服务价值评估框架。针对四川南河国家湿地公园的自然属性（生态性）和社会属性（主题性），构建价值评估指标体系及选择评估方法。该体系主要包括评估框架及指标体系构建的理论依据、评估原则、框架构成、指标体系筛选、评估方法确定等内容。

3）四川南河国家湿地公园生态系统服务功能评价

根据四川南河国家湿地公园生态系统服务功能的不同效益类型及表现形式，将其分为供给服务功能、调节服务功能、支持服务功能、文化服务功能及潜在服务功能五大类。其中供给服务功能包括居民生活水源供给，调节服务功能包括气候调节、水源涵养、植物净化、土壤保持、固碳释氧等，支持服务功能包括栖息地、人居环境改善等，文化服务功能包括休闲娱乐、文化科研等，其他服务功能包括存在功能、遗产功能、选择功能等。

4）四川南河国家湿地公园生态系统服务价值评估过程与量化

根据四川南河国家湿地公园生态系统服务功能分类，从生态过程价值、社会人文价值、未来潜在价值等方面对生态系统服务功能进行价值分类，建立生态系统服务价值评估框架。结合国内外常用方法，选定市场价格法、生产成本法、影子工程法、条件价值法等对各类生态系统服务功能进行价值评估量化。

5）四川南河国家湿地公园生态系统服务价值评估定量评价

根据上述生态系统服务价值量化结果，对各类生态系统服务价值进行对比分析，并引用国内已有的湿地公园等相关评估数据，与四川南河国家湿地公园中各类价值进行对比评价。

6）四川南河国家湿地公园可持续发展与未来展望

基于生态系统服务价值评估结果及对比评价，从生态系统的全局性、整体性、宏观性和系统性方面，分析四川南河国家湿地公园未来发展前景，并提出湿地公园的可持续发展战略框架和对策。

2. 评估方法

通过梳理、分析现有文献资料及相关成果，结合实地调查与遥感技术手段，运用生态学、经济学、统计学等相关学科的理论与方法，评价四川南河国家湿地公园生态系统服务功能，量化生态系统服务价值，并对其进行比较分析与评价。在此基础上，分析四川南河国家湿地公园未来发展前景，并提出湿地公园的可持续发展战略框架和对策。

1）资料收集

资料收集主要包括文献资料收集与基础本底数据收集。其中，文献资料收集包括在学术数据库检索收集国内外已有的相关研究专著、学位论文和学术期刊等文献资料，并进行归纳、分析，整理出野外调查难以获取、但具有参照性的指标数据。基础本底数据收集主要包括从湿地公园主管部门、气象部门、统计部门等单位收集湿地公园本底基础数据、规划成果、科研成果、气象资料、水文资料、统计年鉴等。

2）野外调查与调研

野外数据获取主要包括调查与走访两部分，调查数据主要有湿地公园植被、动物、水鸟等分布状况，生物多样性调查，土壤取样等。走访数据主要包括走访当地居民、四川南河国家湿地公园管理处工作人员及进入湿地公园的游客，了解当地社会、经济数据及科研开展情况等数据，形成感性认识。

3）问卷调查

问卷调查与上述走访调查有一定的差异。问卷调查主要是根据生态系统服务功能的评估指标要求，设计调查问卷，并在四川南河国家湿地公园及周边开展访问调查，了解周边居民和游客对该湿地公园的认识程度和参与保护的现状，获取更全面的统计数据，形成理性认识。问卷调查的具体内容包括：被调查人群对湿地的熟悉程度和保护意识（如支付意愿、支付意愿值等）、被调查人群基本情况、文化素质、经济状况等。

4）价值评估

利用市场价值法、替代市场法、防护费用法、恢复费用法、价格影子法、净初级生产力法、补偿价值法、碳税法和旅行费用法等评估量化四川南河国家湿地公园生态系统各项功能指标的价值，具体方法见第八章相关内容。此外，因为时间和研究条件的限制，针对四川南河国家湿地公园生态系统服务价值定量评估中难以获取的某些参数，在计算过程中多以美国生态经济学家 Costanza 和我国生态学家陈仲新、张新时、谢高地等对全球及中国生态系统服务价值估算中部分指标的平均值来代替。

5）对比与综合

将四川南河国家湿地公园生态系统服务价值评估结果与国内具有相似性质的湿地公园价值评估成果进行比较，综合湿地公园现状与实际情况，提出适合四川南河国家湿地公园可持续发展的战略与对策。

3. 技术路线

基于四川南河国家湿地公园的卫星影像数据、基础地理数据、行业专题数据和社会统计数据为数据源，经过数据预处理，建立湿地公园生态系统服务价值评估本底数据库，并结合野外调研、问卷调查、文献数据收集等，对四川南河国家湿地公园生态系统服务功能及价值进行评估，得出湿地公园的生态系统服务价值的货币量。在此基础上，分析四川南河国家湿地公园未来发展前景，提出湿地公园的可持续发展战略框架和对策。

四川南河国家湿地公园生态系统服务价值评估研究技术路线见图 4-3。

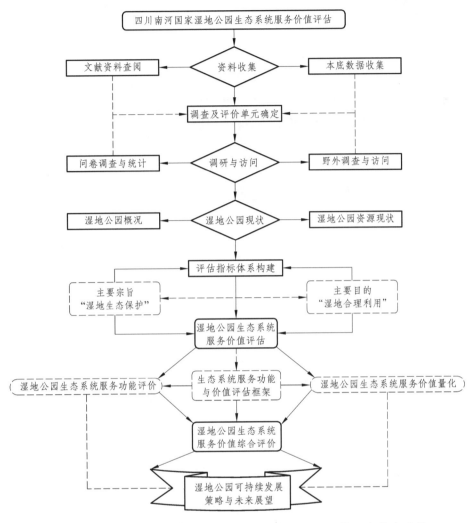

图 4-3　四川南河国家湿地公园生态系统服务价值评估研究技术路线

第五章

四川南河国家湿地公园概况

第一节
自然地理概况

1. 地理区位及地位

四川南河国家湿地公园坐落于四川盆地北部边缘嘉陵江一级支流南河与万源河交汇区域，位于广元市利州区东城区南河河畔，北起南河北岸，东至老鹰嘴大桥，南沿南河南岸南山至万源河东侧的清风南路，东西长约 1.9 km，南北宽近 1.4 km，经营面积 111.00 hm²，其中湿地面积约 60 hm²。地理坐标介于东经 105°50′12″—105°52′18″，北纬 32°25′00″—32°25′51″ 之间（见图 5-1）。

四川南河国家湿地公园坐拥南河、万源河两江清流，背靠（南）广元主城区大南山生态屏障，东西两翼连接主要城市功能区南河、万源片区，北面与广元市政治、经济、文化中心东坝片区隔河相望，处在大山、大水、大森林和中心城区的紧密环抱之中。由于其特殊的地理区位和独特的湿地生态系统，在湿地生态保护、科普教育、湿地研究及生态旅游等方面发挥着重要作用。

同时，四川南河国家湿地公园兼具城市湿地公园的主要特性，成为广元市城市生态园林建设的重要生态保护区和景观区域之一，在改善城市生态环境、调节局域生态平衡、美化市容等方面发挥着重要作用，并为城市居民提供了良好的亲近自然、体验湿地文化、欣赏湿地景观及科普休闲的重要场所。

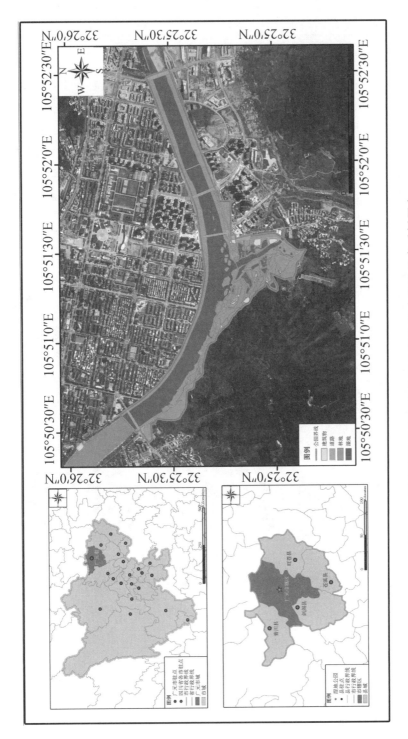

图 5-1 四川南河国家湿地公园地理位置（彩图见书后插图）

2. 地质构造与地层岩性

四川南河国家湿地公园地处龙门、米仓山前缘与盆北弧形山交接地带。从地质构造上看，湿地公园位于四川中坳陷燕山褶皱带走马岭向斜构造单元附近；从地层区划上看，湿地公园位于四川盆地分区—川北小区—龙门山印支褶皱回返后的边缘坳陷地层区域。区内以侏罗系遂宁组、侏罗系沙溪庙组、第四系发育为主要特征（见图 5-2）。侏罗系沙溪庙组主要以长石石英砂岩石、紫色泥质粉砂岩、粉砂质泥岩组成；侏罗系遂宁组主要以鲜紫色泥岩为主，夹杂绿灰色钙质细砂岩；第四系主要以超河漫滩第 I 阶地冲积物组成，分布于沿水系两岸分布的堆积阶地。

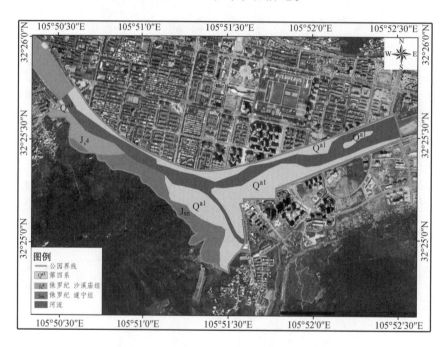

图 5-2　四川南河国家湿地公园地质简图（彩图见书后插图）

3. 地形地貌

四川南河国家湿地公园所在的利州区地势东北和西北高、中部低，形成北部中山区、中部河谷浅丘及平坝区，南部低山区的特殊地理环境。全区 70% 属山地类型。境内山峰属米仓山山脉西、岷山山脉东、龙门山脉东北三尾端的余脉。最高点西北部白朝乡的黄蛟山海拔 1917 m，最低点南部嘉陵江边的牛塞坝海拔 454 m。

　　湿地公园位于利州区的中部河谷浅丘及平坝区，地理格局背山面水，总体地势呈南高北低走势（见图 5-3）。南河万源河交汇处附近有较大面积的自然滨水，万源河西侧有局部台地，万源河东侧地势平坦。区内最高海拔位于南山蓄水池附近，海拔高度 505.8 m，最低海拔位于南河老鹰嘴大桥附近的河道水面，海拔高度 474.5 m，高差为 31.3 m。

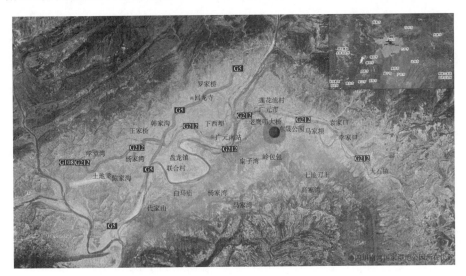

图 5-3　四川南河国家湿地公园区域地貌简图（彩图见书后插图）

4. 气候特征

　　四川南河国家湿地公园所处的利州区属亚热带湿润季风气候，春暖、夏热、秋凉、冬寒，四季分明，日照时间较长。年均气温 17 ℃，极端最高温 40.5 ℃，极端最低温-8.2 ℃；≥0 ℃ 年均积温为 5885 ℃，≥10 ℃ 年均积温为 5063 ℃。无霜期共 263 d，年日照时数 1342 h，光热资源丰富，热量集中在 4—9 月。年平均降雨量为 941.8 mm，年最大降雨量 1587.2 mm，年最小降雨量 580.9 mm，年内降雨量多集中在 5—10 月，占全年降雨量的 85%以上；形成了冬干、春旱、夏洪、秋涝的一般现象。最大风速 32 m/s，最多风向为北风。

5. 河流、湿地

　　四川南河国家湿地公园涉及的河流主要有南河和万源河。南河发源于广元市曾家镇和旺苍县国华镇高山地区，是嘉陵江左岸一条较大的支流，流经荣山、大石、东坝，在广元城西汇入嘉陵江；万源河是常年流水的小溪，从东南向西北蜿蜒流入南河，南河谷底宽阔，成"U"字形，是嘉陵江左岸较大支流。南河及其与万源河交汇处附近有较大面积的自然滨水低地，是南河国家湿地公园湿地的主要分布区域。

湿地公园内分布的湿地资源主要包括两大湿地类三种湿地型，即河流湿地（永久性河流）、人工湿地（库塘和稻田）（见图 5-4）。河流湿地包括南河、万源河两大永久性河流；人工湿地包括北湖、中湖、南湖、对望湖、蓄水库塘（位于登山广场、南山观景台、南山蓄水池处）7 处人工库塘以及 2 处退耕梯田湿地类型。此外，有 7 条生态小溪相互贯穿连通了各河流湿地、库塘湿地及退耕梯田湿地。其湿地面积近 60 hm^2，约占湿地公园总面积的 54.05%。

湿地公园水源补给主要以地表径流为主。流出状况为永久性流出，积水状况为永久性积水。丰水位为 478 m，平水位为 474.5 m，枯水位为 473.6 m。最大水深为 4.5 m，平均水深 2.5 m，蓄水量 63 万 m^3。地表水 pH 值 7.65，弱碱性；矿化度 0.9 g/L，淡水；透明度 0.25 m，浑浊；总氮含量 1.23 mg/L，总磷含量 0.02 mg/L，中营养；化学需氧量 16 mg/L；水质等级为Ⅲ类。地下水 pH 值 7.76，弱碱性；矿化度 0.83 g/L，淡水；水质等级为Ⅲ类[1]。

6. 土壤类型

四川南河国家湿地公园内土壤主要以冲积和洪积母质形成的新积土为主，主要分布于南河及其支流万源河两岸，由石灰岩及紫色冲积母质发育而成，中性至微碱性，肥力较高。其亚类为河流冲积土，分布于高位河漫滩、岸缘或一级阶地上，由第四系全新统现代河流冲积物发育而成。地势平坦，一般土层深厚。但仍属于发育较浅的年轻土壤，因而有弱——强度碳酸盐反应，pH 值中性至微碱性。随土壤离河床的距离由近及远而出现肥力由低变高、质地由砂而黏的变化规律。土壤一般较疏松，密度不超过 1.2 g/cm^3。另外在区内西北部南山山坡有少量紫色土分布，土壤较贫瘠。

---

① 数据来源于四川省第二次湿地资源调查项目。

图 5-4　四川南河国家湿地公园湿地资源分布图（彩图见书后插图）

7. 植被概况

　　四川南河国家湿地公园所在区域早期以农耕梯田及村庄为主要景观类型，其植被主要以农作物、村庄周围的人工林以及少部分的天然柏木林等组成。在湿地公园批准建立后，逐步形成了以人工乔木林、人工栽培竹林、人工栽培灌丛、人工水生植被为主、天然林为辅的植被类型。其中人工乔木林约 45 个群系类型，人工栽培竹林约 3 个群系类型，人工栽培灌丛约 15 个群系类型，人工水生植被约 29 个群系类型；天然林主要以柏木林群系为主（见图 5-5）。

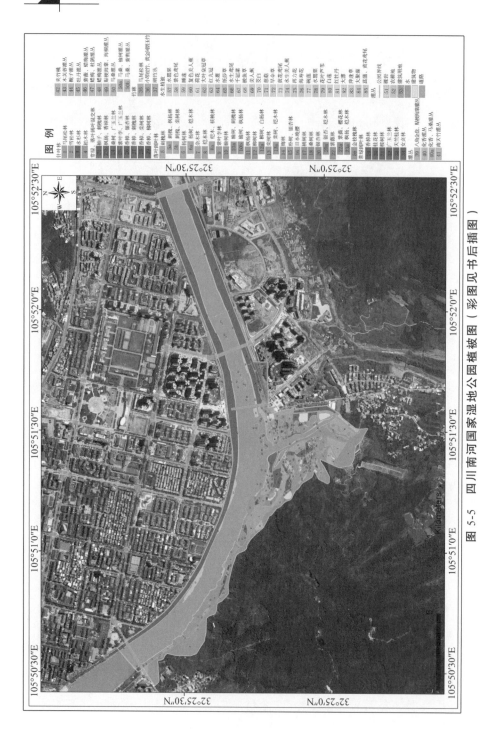

图 5-5 四川南河国家湿地公园植被图（彩图见书后插图）

据不完全统计，湿地公园内共有维管束植物 123 科 325 属 452 种，种类组成较为丰富，包括蕨类植物 5 科 7 属 11 种，裸子植物 6 科 9 属 10 种，被子植物 112 科 309 属 431 种。其中，国家重点保护植物主要包括银杏（*Ginkgo biloba*）、水杉（*Metasequoia glyptostroboides*）、杜仲（*Eucommia ulmoides*）、楠木（*Phoebe zhennan*）、喜树（*Camptotheca acuminata*）、金荞麦（*Fagopyrum dibotrys*）、莲（*Nelumbo nucifera*）等。湿地植物中以垂柳（*Salix babylonica*）、枫杨（*Pterocarya stenoptera*）、芦苇（*Phragmites australis*）、香蒲（*Typha orientalis*）等乡土物种及多种观赏水生植物为主，它们不仅是形成湿地植被的重要组成成分，同时所形成的环境也为多种湿地鸟类等小型动物提供栖息繁衍的良好场所。

8. 动物组成

据不完全统计，区域内共有脊椎动物 29 目 73 科 231 种。其中鱼类 4 目 9 科 39 种，主要分布于南河、万源河、北湖、中湖、南湖、对望湖等水域中，以鲤形目鲤科种类较多，如鲤、鲢、草鱼等；两栖类 2 目 6 科 12 种，主要分布于人工湖泊及退耕梯田区域，以无尾目蛙科种类较多，如日本林蛙、黑斑蛙等；爬行类 2 目 9 科 17 种，主要分布于水域周边及林缘灌丛中，以有鳞目游蛇科种类较多，如乌梢蛇、翠青蛇、乌游蛇等；鸟类 16 目 39 科 139 种，分布于野生鸟岛及湿地公园内各土地类型中，以鹳形目鹭科、雁形目鸭科种类及数量较多，如白鹭、赤麻鸭等；哺乳类 5 目 10 科 24 种，主要分布于湿地公园边缘的林区，以啮齿目鼠科种类较多，如褐家鼠、普通竹鼠等。

第二节
社会经济[①]

四川南河国家湿地公园所在地理位置隶属广元市利州区，在行政区域及人口、社会经济等指标描述上引用利州区的相关数据。

---

① 数据引自广元市利州区 2014 年国民经济和社会发展统计公报。

1. 行政区域及人口

截至 2014 年年末，利州区行政区域划分为 11 个街道、7 个镇、3 个乡。国家级广元经济技术开发区位于利州区境内，由广元市直接领导，代管利州区的 3 个街道、1 个镇，代管区域行政区划仍属利州区。利州区管辖 8 个街道、6 个镇、3 个乡、243 个村（社区）。

利州区年末（2014）户籍总人口 49.46 万人，比 2013 年年末增加 7154 人。其中女性 24.65 万人，男性 24.80 万人，男女比例 100.6：100。非农业人口 31.78 万人，农业人口 17.68 万人，分别占总人口的 64.25% 和 35.75%。年末全区常住人口 53.9 万人。人口出生率 9.71‰，死亡率 5.29‰，自然增长率 4.43‰。人口密度约为每平方公里 300 人。

利州区现有有 27 个民族，人口绝大多数为汉族，其中少数民族 26 个，有回族、藏族、满族、羌族、苗族、壮族、白族、蒙古族、布依族、土家族等少数民族散居，以回族较多。

2. 社会经济概况

2014 年，利州区实现地区生产总值 194.10 亿元，比 2013 年增长 8.8%。其中：第一产业增加值 9.50 亿元，增长 4.0%；第二产业增加值 107.7 亿元，增长 8.0%；第三产业增加值 76.90 亿元，增长 10.6%。全区人均地区生产总值达到 36 179 元，比 2013 年增长 8.0%。三种产业对经济增长的贡献率分别为 2.30%、50.90%、46.80%，分别拉动经济增长 0.20、4.48、4.12 个百分点。产业结构出现新的变化，一、二产业比重下降，第三产业比重上升。三种产业占地区生产总值的比重由 2013 年的 5.1：56.6：38.3 调整为 2014 年的 4.9：55.5：39.6。全年实现非公有制经济增加值 112.19 亿元，比 2013 年增长 9.9%。非公有制经济占全区生产总值的比重达到 57.8%，比 2013 年提高 1.1 个百分点。

第三节
历史沿革及发展建设

1. 历史沿革

四川南河国家湿地公园的历史可追溯到唐宋时期。当时朝廷在现公园西入口对应的南河河畔修建了古利州著名渡口——利州南渡（又称汉寿渡、南河渡），有唐代诗人温庭筠的著名诗篇《利州南渡》为证。清道光七年（1827年）以前，公园西入口曾是古代利州接送官员和历届官员迎来送往的重要场所——南接官亭。公园亲水平台、码头一带相传曾是我国历史上唯一的女皇帝、封建时代杰出的女政治家武则天少年时的梳洗台。

2. 发展建设

湿地公园自 2005 年开始进行可行性研究论证、规划设计、项目立项等工作，于 2006 年 3 月动土开工，2007 年 1 月建成正式向市民开放，2009年 12 月被国家林业局批准为"国家湿地公园试点"，2010 年 9 月在第四届长江湿地保护网络年会上获得了"长江湿地保护与管理先进单位"荣誉称号，2012 年 8 月被成都理工大学列为"本科生教学实习基地和研究生工作站"，2013 年 10 月被国家林业局正式授予国家湿地公园，成为四川省首家国家正式挂牌成立的"国家湿地公园"。

湿地公园从动土建设至今历时近 10 年，通过地方政府资金投入和建设，完成了国家湿地公园建设的各项任务（见图 5-6～图 5-10）。湿地公园管理处以保护保育和科学修复为主要手段，完善湿地生态功能，提升湿地生态公园的环境治理。在湿地公园建设方面完成的工作主要有：退耕 600 多亩，恢复了湖泊、水系、梯田等湿地水域和其他湿地生态景观 40 多公顷；修复 1 万多平方米的野生鸟岛及周边 300 万平方米浅水河滩地；恢复南河南岸水岸线，建成生态河堤 3000 m；此外，公园还进一步优化了公园的植物景观、休闲配套设施以及山体滑坡治理等修复工作，最终形成了公园独具特色的"河河相连、湖湖相扣、河湖相通"的"网状湿地"以及森林、瀑布、梯田、小溪、湖泊、河流组成的"立体湿地"。

图 5-6　梯田湿地生态修复前（左）后（右）对比（彩图见书后插图）

图 5-7　野生鸟岛生态修复前（左）后（右）对比（彩图见书后插图）

图 5-8　清水平台生态修复前（左）后（右）对比（彩图见书后插图）

图 5-9　竹园小溪生态修复前（左）后（右）对比（彩图见书后插图）

图 5-10　南湖生态修复前（左）后（右）对比（彩图见书后插图）

第六章

四川南河国家湿地公园生态系统服务价值评估框架与评估指标体系构建

第一节
理论依据与权威参照

1. 理论依据

生态系统服务功能的发挥和实现，在很大程度上取决于生态系统所处的特定空间，具有空间异质性。不同生态系统的空间差异性反映了生态系统服务功能的差异性和独特性。同时，相同生态系统在不同的条件下，可以实现或不实现某项服务功能，也就是说，某个生态系统它所提供的生态服务功能是可以变化的。对于不同类型的生态系统，有着不同的服务对象和服务功能。

生态系统具有多功能性，在取某项一服务功能作为其主要目标时，同时也存在其他方面的生态服务功能。由此可见，在生态系统服务价值的计算中，确定指标之间的界面是十分重要的。如果指标之间的内容重叠太多，会增大计算结果，如果有些功能不能用指标反映出来，又会减少其计算值。

因此，建立四川南河国家湿地公园生态系统服务价值评估的评价指标体系，应该针对湿地公园内不同生态系统类型的功能特征，既要包括各类生态系统的基本功能特性，又要包括湿地公园的生态系统服务功能的特有性，以此确定评价体系的项目，设置必需的评价类目和指标。

2. 权威参照

由于受地域差异、空间差异和经济发展水平差异以及不同类型生态服务功能的重要性影响，生态系统服务功能评估既表现出了内在差异性，同时也涵盖了外在同质性因素。在其评估过程中，应以国家出台的规范标准为参照，经对比分析，可适当引用国内外已有的、具有相似条件的评估成果。

1）规范标准

四川南河国家湿地公园生态系统服务价值评估中，主要引用和参照的规范标准包括：

（1）《千年生态系统评估》（*The Millennium Ecosystem Assessment*，2005）；

（2）《森林生态系统服务功能评估规范》（LY/T 1721—2008）；

（3）《国家湿地公园评估标准》（LY/T 1754—2008）；

（4）《森林资产评估技术规范（试行）》；

（5）《森林资源资产评估管理暂行规定》；

（6）《林业及相关产业分类（试行）》（2008 年 2 月公布）。

2）权威文献

四川南河国家湿地公园生态系统服务价值评估中，主要参照和引用的权威文献包括：

（1）《综合环境与经济核算 SEEA-2003》（丁言强等译，2005）；

（2）《欧洲森林环境与经济综合核算框架 IEEAF-2002》（吴水荣等译，2004）；

（3）*FORESTS IN GLOBAL BALANCE - CHANGING PARADIGMS*；

（4）《环境与资源价值评估—理论与方法》（曾贤刚等译，2002）；

（5）《林业环境与经济账户手册：跨部门政策分析工具》（吴水荣等译，2004）；

（6）《生态系统与人类福祉评估框架》（张永民译，2006）；

（7）*Forests in global balance: changing paradigms.*（Mery et al.，2005）；

（8）*The value of the world's ecosystem services and natural capital.*（Costanza et al.，1997）；

（9）*Non-market benefits of nature: What should be counted in green GDP?*（Boyd，2006）；

（10）*Weak and strong sustainability in the SEEA: concepts and measurement.*（Dietz et al.，2007）；

（11）*From natural resources and environmental accounting to construction of indicators for sustainable development.*（Alfsen et al.，2007）；

（12）SEEA-2003：*a Accounting for sustainable development*?（Bartelmus，2007）；

（13）*Proceedings expert meeting on harmonizing forest-related definitions for use by various stakeholders*.（Killmann，2002）。

专栏 6-1　权威文献介绍（侯元兆等，2008）

联合国五机构的《综合环境与经济核算 SEEA-2003》（高敏雪译本或丁言强译本），就处处区分"资产账户"和"生产账户"，第 2、7、10 章专门论述了这些概念，它的附录 1 还给出了《SEEA 资产分类》，附录 2 和 3 给出了产品等"流量分类"。欧盟统计局的《欧洲森林环境与经济综合核算框架 IEEAF-2002》的森林资产核算与生产核算的概念也是贯穿始终，区分存量账户、流量账户并分别估价的理念是这个文件的灵魂，其附录 2 也给出了《ESA/SNA/和 SEEA 中的资产分类》。*FORESTS IN GLOBAL BALANCE - CHANGING PARADIGMS*（第 6 章 森林生态系统服务综合管理办法）是一个专门讨论通过生态系统服务市场化激励这类服务供给的研究报告，文章开宗明义地讲，"生态系统服务是生态系统有益于人类的特性和功能的产品。从这一点讲，功能仅在社会体系中得到承认时才变为服务。"中国人民大学曾贤刚博士翻译出版的美国迈里克·弗里曼的《环境与资源价值评估——理论与方法》讲，"森林以及在商业上有利用价值的渔场等自然资源、空气质量等环境，均是有价值的资产，它们能向人类提供服务"，"将自然资源与环境资源均作为有价资产，这个复合体系能够为经济提供四种服务"。弗里曼也是环境核算的国际权威；美国 Costanza 的 *The value of the world's ecosystem services and natural capital* 一文，在我国被奉为生态系统估价的圣经，但很多人其实阅读的是这篇论文的中文译文，因而错误地理解了他的原意。我们从原文题目上就可以看出他绝对没有把自然资产与生态系统服务混为一谈！FAO 的《林业环境与经济账户手册：跨部门政策分析工具》，阐述的是世界各国的森林资源价值核算概况以及利用这一核算开展政策分析的指南，但整个论述以资产和生产两类账户为轴心。

联合国的 MA 项目的张永民译本《生态系统与人类福祉评估框架》（张永民译，赵士洞校，中国环境科学出版社），比较准确地表述了这个重要国际文件的原意，可惜它出版时间太晚，先前译本的错误概念已经流行了。这个先前的译本，处处臆造，制造了太多的混乱，特别是使得

资产核算和生产核算概念混淆。

近年来新发表的一些相关核心文献，如美国未来资源研究所 James Boyd 的《自然的非市场效益：哪些应该在绿色 GDP 中加以计算？》、联合国统计署的 *Global Assessment of Environment Statistics and Environmental-Economic Accounting*（2007）、Mery 的《关于森林生态系统服务的综合研究》，伦敦政治经济学院 Dietz 的《SEEA 中的弱可持续性和强可持续性：概念与计量》，挪威中央统计局科研部 Alfsen 等的《从自然资源和环境核算到可持续发展指标建立》，Bartelmus 的《SEEA-2003：可持续发展核算？》，法国生态研究中心 Peyron 的《森林经营与林业政策中对于非市场效益的考虑》等，都比较明确地界定了生态系统资产、生态系统服务等基础性的概念和分类。Boyd 的论文和 Mery 的论文，都对森林生态系统功能、产品、服务等概念做了明确的界定。按照他们的意见，生态系统服务是大自然的最终产品，直接提高人类的生活水平，绿色 GDP 核算的生态系统服务属于大自然的终端产品或最终产品。这些学者都不赞成对生态系统的自养性服务进行估价。

MA 还就一系列的新概念作出了界定，国际林联等五个国际机构的 *Proceedings expert meeting on harmonizing forest-related definitions for use by various stakeholders*（2005）也正在针对森林的多效益利用拓展和规范新概念。

第二节
生态系统服务价值评估原则

生态系统服务价值评估是基于可持续发展理论和生态经济学理论，在综合分析具体的自然环境和生态功能及相互作用基础上，对其生态系统进行客观的价值评估并提出切实可行的保护措施。目前，生态系统服务价值评估经常出现两种情况：第一就是不切实际地追求全面，从而导致价值过高；第二就是盲目减少要评估的功能，从而导致评估结果难以全面反映该生态服务功能的价值。

在进行生态系统服务价值评估之前，首先应该从众多的服务功能中选择需要进行评估的核心功能。李文华认为，核心功能是指在某个生态系统内某项物理、化学或生物功能是该生态系统关键因子提供和创造的，并且在自然环境中发挥的作用要远超过其他生态系统提供的该项功能在自然环境中发挥的作用。从经济学角度来说，该功能效用边际必须明确、清晰，有利于进行价值确定；从社会角度来说，必须是对人类生活和文化发展具有重大影响的功能。总之，核心功能就是某个生态系统具有的那些功能地位高、生态效应强、经济价值大、人类受益多的生态服务功能（李文华等，2008）。

四川南河国家湿地公园作为以"湿地保护、科普宣教、合理利用"为主要目的的国家级湿地公园，同时也兼具了城市湿地公园的主要特征。在生态系统服务价值评估中，须主要考虑其参与评估的核心目标和服务功能，同时也应强调湿地公园在城市生态环境建设中的生态服务特性。因此，湿地公园生态系统服务价值评估必须具有一定的代表性、示范性和现实意义，同时还必须遵循一些必要的评估原则。

1. 价值评估原则

1）科学评价原则

科学性即要遵循生态学、环境学和经济学的基本科学原理。生态系统服务价值评估的主要目的是在保持生态系统的环境功能的同时，满足当地对生态环境的可持续发展要求。

四川南河国家湿地公园生态系统的服务功能较为复杂，单纯以湿地生态系统的生态服务价值来概括整个湿地公园的生态系统服务价值是片面的，不科学的。因此，在进行生态系统服务价值评估时，树立全面、系统、可持续发展的观点，并遵循生态学和环境保护原则显得十分重要。

2）整体性原则

所谓整体性原则，就是把研究对象看成具有一定结构的有机整体，强调系统内部各个部分的协调，充分发挥整体功能，实现生态系统的整体综合开发。

对于四川南河国家湿地公园而言，我们把湿地公园生态系统服务看成是一个包含多重服务的整体概念，对它的评估不能简单的考虑单项因素或单个生态系统，须考虑各因素、各生态系统之间的相关性，用整体性思维全面客观地准确评估湿地公园的生态系统服务价值。

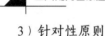

3）针对性原则

针对性原则是根据所研究对象及各子系统的具体情况，进行生态系统服务价值评估指标选取。单纯的对每个地区都采取一种方法对各具特点的生态系统进行评估，将导致形而上学的错误。同时，获得翔实的第一手数据，采取现场与实地勘测的手段因地制宜地进行评估是遵循针对性原则的必然要求。

因此，在四川南河国家湿地公园生态系统服务价值评估过程中，应实地走访与现场调查，区分生态系统类型，确定评估重点与核心，选取具有针对性的评估对象及指标，开展评估工作。

4）协调发展原则

协调发展原则是指综合考虑环境与社会、经济的协调发展，实现经济效益、社会效益和环境效益的统一。生态系统是自然-经济-社会复合系统中的重要组成部分，是人类与自然环境作用的焦点，其生态、经济和社会效益直接影响人类的协调发展。

目前，在四川南河国家湿地公园开发利用过程中，重点应放在湿地保护上，坚持湿地公园开发利用以湿地生态保护为前提，坚持"以保护求持续发展，以发展促环境保护"的发展战略。

5）可持续性原则

可持续性原则是指人类自身的繁衍、经济建设和社会发展不能超越自然资源与生态环境的承载能力。生态系统是人类生存和发展的物质基础，资源的永续利用和生态系统的可持续性是保证人类持续发展的首要条件。保护生物生存资源和区域生态环境功能是生态系统可持续发展的保障。生态系统是一个不断发展着的概念，而且又是一个不断演变的系统。随着社会的发展和技术的革新，人们的需求和认识也会不断地发生变化。

因此，我们在对四川南河国家湿地公园生态系统服务价值进行评估时，需采用发展和动态的观点，使得评估具有一定的前瞻性。

2. 指标选取原则

四川南河国家湿地公园生态系统服务价值评估属于区域生态系统评价范畴。因此，在选取价值评估的指标时应以生态学理论，尤其是生态系统生态学和群落生态学理论为基础，主要遵循以下原则。

1）易于计量的原则

限于当前的技术制约和客观复杂性，并不是所有的生态服务功能都能够量化计算。应选择已有的相对成熟的评估和计算方法的服务功能作为考核重点，确保计算的可靠性。有些服务功能的价值虽然无法直接用市场法以货币来计算，但可通过间接手段计算享受者对其价值的支付意愿。

2）可获取性的原则

评价指标应在相对有限的时间尺度上容易获取，评价过程可行，评价结果才能提供有效的信息。评价指标体系的每一个指标都应当尽可能地利用现有的统计指标，而且要做到定量化，以便于建立评价标准进行操作。

3）可操作性的原则

评价指标的设置应通俗易懂、易于操作，特别是要贴近实际工作，尤其要选择那些通过实际调查可以掌握的第一手资料，或者通过本底资料收集直观能够得出结论的指标。统计指标即具备较高的真实性和较强的可操作性。

4）具代表性的原则

为使评估结果更加科学，评估指标应该最能代表生态系统本身固有的自然属性及其受干扰、破坏、利用的程度。

5）相互独立的原则

生态系统服务由各个子系统构成，它们之间既相互联系又各自独立，因此所选指标之间也要既能相互衔接又要相互独立，各个指标既要包含生态系统服务的各个主要方面的性质，彼此之间又要不存在含义与价值的交叉重叠，尽可能避免信息重叠太多。

第三节
生态系统服务功能与价值评估框架

1. 生态系统服务功能构成

自然湿地和城市湿地由于受人类的影响方式和程度不同，其结构组分和生态服务功能有着很大的差异。城市湿地相对于自然湿地最大的差异来源于人类活动的胁迫和人文组分的增量，其结果表现为自然生态系统的改变和人文要素的嵌入。

基于四川南河国家湿地公园的特殊地理区位，考虑到城市湿地这种人与自然的复杂关系，将四川南河国家湿地公园看做一个"自然-社会-经济"于一体的"农林城复合生态系统"：表现出了既具有一般生态系统具有的生态服务功能的共性，同时又具有为城市的社会生活环境提供服务功能的个性。研究应用马世俊、王如松等创立的复合生态系统理论来对四川南河国家湿地公园的生态系统进行生态服务功能分类和价值评估。

关于城市复合生态的结构，国外生态学家更倾向于将其分为生物、物理和人文三维结构，他们将图 6-1 中的自然要素分为生物和物理要素两部分，而将社会和经济同归属于人文要素。在我国，马世俊（1981）最早提出"自然-社会-经济复合生态系统"概念（马世俊，1981），其后王如松结合我国的国情对这一理论进行系统的深入研究和不断完善（王如松等，2006；王如松，2000；王如松，2008）。

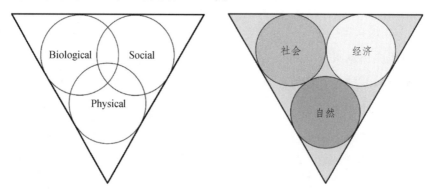

图 6-1　国外（左）与国内（右）关于城市复合生态系统的结构图

根据马世俊、王如松的"自然-社会-经济复合生态系统"思想，四川南河国家湿地公园的生态系统组分和结构大致可用图 6-2 表示。

城市湿地和自然湿地不同，是长期受到人工干扰，并在人工控制下演替的生态系统，其演替的方向取决于人类对其服务功能的需要。城市湿地的生态服务功能中那些城市需要的功能会由于人类对生态系统有目的的改造而得到加强；反之，那些人类不需要，或者虽然重要但人类还没认识到的服务功能就会被削弱。纵观我国城市对湿地利用的过程，人类对城市湿地生态服务功能的认识和需要是一个不断变化和发展的过程。这个过程随着城市经济发展和城市化水平的不同而不同，但最终取决于生产力的发展水平。

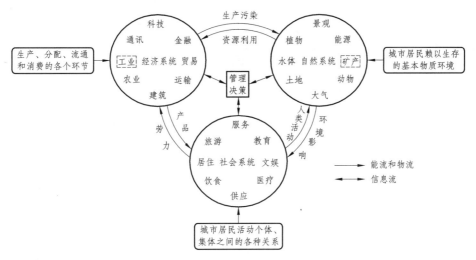

图 6-2　四川南河国家湿地公园城市复合生态系统组分与结构示意图（彩图见书后插图）

　　就四川南河国家湿地公园而言，其湿地资源在不同时期对城市的发展发挥着不同的服务功能，有些功能已经衰退（如物质生产功能），有些功能依然在发挥作用（如湿地文化功能），而有些功能曾被遗弃后又重新受到重视（如湿地改善人居环境、提升城市品位的功能）。

　　城市湿地原则上应该具备自然湿地所有的生态服务功能，但由于人类对城市湿地生态服务功能的需要不同，通过对生态系统结构的改造，导致有些生态服务功能下降或丧失，或者即使还在发挥作用，但人们不认为它们对人类有服务价值。参考千年生态系统评估（Millennium Ecosystem Assessment，MA）中的生态系统服务功能分类方法及依据，将四川南河国家湿地公园目前提供的生态服务功能划分为 5 类，并与自然生态系统对比，其为人类提供的服务功能的重要性强度如表 6-1 所示。

表 6-1　四川南河国家湿地公园生态服务功能及强度

功能类别	功能项目	功能强度	是否筛选
供给服务功能	提供产品	弱	否
	水源供给	强	是
	航运	弱	否
调节服务功能	护堤防风	弱	否

功能类别	功能项目		功能强度	是否筛选
调节服务功能	气候调节		强	是
	水源涵养	调蓄洪水	中	是
		补充地下水	中	
	植物净化	净化水质	强	是
		污染物滞留	中	
	土壤保持		中	是
	固碳释氧		中	是
支持服务功能	栖息地	动植物栖息地	中	是
		生物多样性保护	中	
	人居环境改善	人居空间与城市环境	强	是
		房地产	强	
		商贸服务	强	
文化服务功能	休闲娱乐		强	是
	文化科研	教育科研	强	是
		文化遗产	强	
潜在服务功能	存在功能		中	是
	遗产功能		中	是
	选择功能		中	是

　　相比自然生态系统而言，四川南河国家湿地公园的支持服务和文化服务功能最为重要，调节功能次之，供给功能相对较弱。

　　基于各功能项目之间机理的相似性及价值评估指标选取原则，为了生态系统服务价值评估计算的简单性和合理性，将调蓄洪水与补充地下水合并为水源涵养功能；净化水质与污染物滞留合并为植物净化功能；动植物栖息地与生物多样性保护合并为栖息地功能，人居空间与环境、房地产与商贸服务合并为人居环境改善功能；教育科研与文化遗产合并为文化科研功能。

　　综上，筛选功能强度表现为强和中的功能指标作为四川南河国家湿地公园生态系统服务价值评估的主要内容。

2. 生态系统服务价值构成

生态系统服务功能无疑是有价值的，其价值正是来源于生态系统的多方面的服务功能。生态系统服务功能的价值始于对生物多样性的研究。联合国环境规划署（UNEP）在《生物多样性国情研究指南》一文中，将生物多样性价值划分为 5 个类型，分别为：有明显实物性的直接用途、无明显实物性的直接用途、间接用途、选择用途、存在价值。Pearce 将生物多样性的价值分为使用价值和非使用价值两部分，其中使用价值又可分为直接使用价值、间接使用价值和选择价值，非使用价值则包括保留价值和存在价值。

马中在《环境与资源经济学概论》中将生态系统服务价值划分为：直接使用价值、间接使用价值、选择价值、遗传价值和存在价值（马中，1999）。姚建云等（2011）根据资源经济学里对环境资源的总价值组成成分的定义，将生态系统服务功能的价值分为使用价值和非使用价值两大类。使用价值又分为直接使用价值和间接使用价值；直接使用价值又可细分为直接实物价值和直接服务价值；直接使用价值主要分为提供产品、科研文教、生态旅游等功能；间接使用价值是指生态系统间接为人类提供的、非商品性的不能为人类直接观察体验到的价值，主要为固碳释氧、保持土壤、净化环境、积累营养物质、防浪护堤及生物多样性保护等功能（姚建云等，2011）。

另外，除了使用价值以外，生态系统服务价值的有机组成部分还包括非使用价值。使用价值与非使用价值彼此联系、相互影响。使用价值是非使用价值得以体现的先决条件，非使用价值评估的最终目的是为了实现使用价值可持续利用。非使用价值包括存在价值、遗产价值和选择价值。存在价值是指人们为确保某种资源继续存在而自愿支付的费用，遗产价值是指当代人愿意为资源的可持续利用支付的费用，选择价值是指个人和社会预先支付的保险金以确定某种资源未来的潜在用途（陶晶等，2012）。

根据生态系统生态学原理和已有的生态系统服务价值评估研究成果，参照 2005 年王伟、陆健健对 Costamza 等提出的 17 类生态系统服务功能的价值分类方法，结合四川南河国家湿地公园的生态系统服务功能共性和城市社会经济环境建设需求特性，将湿地公园的生态系统服务价值划分为生态过程价值、社会人文价值和未来潜在价值 3 类。其中，生态过程价值指生态系统本身运转过程所产生的物质及其维持人类基本生存环境的功能价值，包括气候调节、水源涵养、植物净化、土壤保持、固碳释氧、栖息地 6 部分，社会人文价值指以自然生态为核心，以自然过程为重点，以满足人的合理需求而从生态系统中获得的人文、社会、经济等价值，包括水源供给、休闲娱乐、文化科研、人居环境改善 4 部分，未来潜在价值指目前人类尚不清楚且暂时还未开发，潜藏于生态系统中一旦条件成熟就可能发挥出来的功能价值，包括存在价值、遗产价值、选择价值 3 部分（见表6-2）。

表 6-2　四川南河国家湿地公园生态系统服务价值构成

编号	价值分类体系	编号	评估指标	具体内容
A	生态过程价值	A1	气候调节	降温增湿（缓解热岛效应）
		A2	水源涵养	生态系统保持与蓄积水资源
		A3	植物净化	空气与水质净化
		A4	土壤保持	固土保肥
		A5	固碳释氧	固定 CO_2，释放 O_2
		A6	栖息地	生物多样性保育
B	社会人文价值	B1	水源供给	居民生活用水供给
		B2	休闲娱乐	居民生活休闲与康体游憩
		B3	文化科研	科学研究、科普宣教
		B4	人居环境改善	提升城市品位与改善城市环境
C	未来潜在价值	C1	存在价值	
		C2	遗产价值	
		C3	选择价值	

3. 生态系统服务功能与价值评估关联

生态系统通过各种生物、物理过程为人类社会提供多种服务，例如，植物的生长吸收了大量的二氧化碳并制造氧气，大片的树林能够有效地降低风速，植物根系可以保持水土，昆虫是多种野生植物与农作物的传粉媒介……这些就是生态系统服务，其所具有的价值即生态系统服务价值。换句话说，生态系统服务指的是生态系统及生态过程所形成与维持的人类赖以生存的自然环境条件和效用，包括对人类生存及生活质量有贡献的生态系统产品和生态系统功能。生态系统服务功能及价值取决于系统本身的结构和功能，同时也与其所处地理区域的社会经济条件密切相关。

生态系统功能与服务的复杂性、人们对价值的认识存在着局限性，使得一些功能与服务价值之间不能一一对应，不能人为地区分或定量描述，这为准确计算带来无法克服的困难。生态系统的生态服务功能是广泛的，我们不可能对每种功能都一一计量，而且各项指标核算的方法各不相同。

四川南河国家湿地公园生态系统、生态系统服务、生态系统服务功能与生态系统服务价值关系如图6-3所示。

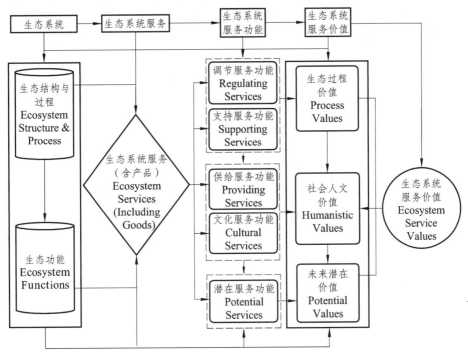

图 6-3　四川南河国家湿地公园生态系统服务功能与价值评估关联（彩图见书后插图）

第四节
生态系统服务价值评估指标体系构建及评估方法

1. 生态系统服务价值评估指标体系选择

四川南河国家湿地公园是从早期的农耕梯田及村庄演变而来，生态系统类型发生了剧烈变化，逐步形成了集"自然-社会-经济"于一体的农林城复合生态体系，生态系统结构更为复杂多样，而且由于位于城市的特殊地理位置，既具有了湿地生态系统、农耕生态系统和森林生态系统服务功能的共性，又具有受人类活动影响较大的城市生态系统服务功能的个性。因此，在构建四川南河国家湿地公园生态系统服务价值评估体系时，不仅需要考虑生态系统服务价值评估原则和指标选取原则，而且还应兼具不同生态系统类型，对不同生态系统类型价值评估指标进行整理、优化及筛选。

目前，评估指标选取主要有专家咨询法、理论分析法、频度分析法以及对这几种进行综合的评价方法。基于生态系统服务价值评估原则和指标选取原则，本研究采用这三种方法的综合分析选取评估指标。首先采用频度分析法，参考了国内外的有关生态系统服务价值评估的相关资料以及文献研究，收集并分析研究了生态系统服务价值评估指标体系的相关文献，选取其中使用频度较高的指标。同时，结合广元市的经济、社会、资源现状等，进行分析、比较与综合，在此基础上，以人类福祉为基础，最终服务价值为原则，提出生态系统服务价值评估指标体系，即以固碳释氧、气候调节、水源涵养、植物净化、土壤保持、栖息地构成的生态过程价值子体系，以水源供给、休闲娱乐、文化科研、人居环境改善构成的社会人文价值评估子体系，以存在价值、遗产价值、选择价值构成的未来潜在价值评估子体系（见表6-3）。

表 6-3　四川南河国家湿地公园生态系统服务价值评估指标体系

评估目标	价值分类	评估指标	指标分项
四川南河国家湿地公园生态系统服务价值评估	生态过程价值	气候调节	森林生态系统蒸腾吸热
			湿地生态系统蒸腾吸热
		水源涵养	森林生态系统水源蓄积
			湿地生态系统水源蓄积
		植物净化	提供负氧离子
			吸收污染物
			降低噪声
			杀灭病菌
			净化水质
		土壤保持	减少泥沙淤积灾害
			保持土壤肥力
			减少土地废弃
		固碳释氧	植物固碳
			土壤固碳
			植物释氧

续表

评估目标	价值分类	评估指标	指标分项
四川南河国家湿地公园生态系统服务价值评估	生态过程价值	栖息地	生物多样性维持
			生物多样性保育
	社会人文价值	水源供给	生活用水供给
		休闲娱乐	生活休闲、游憩娱乐
		文化科研	宣传教育
			科学研究
		人居环境改善	改善城市人居环境
	未来潜在价值	存在价值	存在意愿支付
		遗产价值	遗产意愿支付
		选择价值	选择意愿支付

2. 生态系统服务价值评估货币化方法选择

据国内外众多学者研究发现：生态系统服务内容不同，其货币化方法也不同，一种生态系统服务可采用多种货币化方法，一种货币化方法也适用于多种生态系统服务。但生态系统服务功能和货币化方法之间也具有特定性，一种生态系统服务只能采用特定的几种货币化方法，一种货币化方法往往只适用于少数几种生态系统服务。常见生态系统服务功能的价值评估方法见表6-4。目前，生态系统服务价值货币化方法概括起来可分为三类：实际市场评价方法、替代市场评价方法和模拟市场评价方法，另外还有成果参照法。实际市场评价方法主要包括市场价格法、旅行费用法等，替代市场评价方法主要包括污染防治成本法、影子价格法、等效益替代法、影子工程法等，模拟市场评价方法主要指基于直接调查相关人群支付意愿或补偿意愿的估价方法，包括条件价值法及其衍生方法。

表 6-4 常见生态系统服务功能的价值评估方法适宜程度统计汇总

服务功能	市场价值法	避免价值法	替代价值法	生产要素法	旅行费用法	享乐价值法	支付意愿法	集体评估法
固碳释氧		+++	+++					
气候调节		+++	++					
涵养水源	+	+++	++				+	
净化大气		+++						
土壤保持		+++	++					

续表

服务功能	市场价值法	避免价值法	替代价值法	生产要素法	旅行费用法	享乐价值法	支付意愿法	集体评估法
栖息地	+++			++				
物质生产	+++			++				+
休闲旅游	+++				++			
科研教育	+++			++		+	+++	
潜在价值							+++	

注：+++表示该方法非常合适，++表示该方法比较合适，+表示可以应用该方法做评估。

四川南河国家湿地公园生态系统服务价值评估过程中，主要采用理论分析、问卷调查、评估研究，以定量方法为主、一般与个别相结合的研究方法。研究是对四川南河国家湿地公园生态系统服务价值进行估算，其核心是选取合理的估算方法对其服务价值进行货币化。

研究参照了众多国内外已有相关研究文献中指标选取过程及适用程度的适宜情况，结合湿地公园中不同生态系统间的共性与特性、数据获取难易程度等情况，拟采用多种比较成熟的生态系统服务价值的评估方法，如市场价格法、影子价格法、影子工程法、旅行费用法、成果参照法和条件价值法等对其进行估算（见表6-5）。此外，因时间和研究条件的限制，针对四川南河国家湿地公园生态系统服务价值定量评估中难以获取的某些参数，在计算过程中多以美国生态经济学家Costanza和我国生态学家陈仲新、张新时、谢高地等对全球及中国生态系统服务价值估算中部分指标的平均值来代替。

表6-5　四川南河国家湿地公园生态系统服务价值的货币化方法

价值分类	评估指标	指标分项	货币化方法
生态过程价值	气候调节	森林生态系统蒸腾吸热	等效益替代法
		湿地生态系统蒸腾吸热	等效益替代法
	水源涵养	森林生态系统水源蓄积	影子工程法
		湿地生态系统水源蓄积	影子工程法
	植物净化	提供负氧离子	成本替代法
		吸收污染物	污染防治成本法
		降低噪声	成本替代法

续表

价值分类	评估指标	指标分项	货币化方法
生态过程价值	植物净化	杀灭病菌	成本替代法
		净化水质	成果参照法
	土壤保持	减少泥沙淤积灾害	替代工程法
		保持土壤肥力	影子价格法
		减少土地废弃	机会成本法
	固碳释氧	植物固碳	碳税法、造林成本法、影子价格法
		土壤固碳	碳税法、造林成本法、影子价格法
		植物释氧	造林成本法、影子价格法
	栖息地	生物多样性维持	影子工程法
		生物多样性保育	成果参照法
社会人文价值	水源供给	生活用水供给	市场价格法
	休闲娱乐	生活休闲、游憩娱乐	旅行费用法
	文化科研	宣传教育	影子工程法
		科学研究	成果参照法
	人居环境改善	改善城市人居环境	溢价收益法
未来潜在价值	存在价值	存在意愿支付	条件价值法
	遗产价值	遗产意愿支付	条件价值法
	选择价值	选择意愿支付	条件价值法

第七章

四川南河国家湿地公园生态系统服务功能评价

基于千年生态系统评估（Millennium Ecosystem Assessment，MA）中的生态系统服务功能分类方法，参照 Costanza 等人的研究成果，并根据四川南河国家湿地公园的生态系统类型、结构及生态过程特征，将湿地公园的生态系统服务功能归纳为 5 类，即供给服务功能、调节服务功能、支持服务功能、文化服务功能和潜在服务功能。其中，供给服务主要表现为居民生活水源供给，调节服务包括气候调节、水源涵养、植物净化、土壤保持、固碳释氧，支持服务包括栖息地、人居环境改善，文化服务包括休闲娱乐、文化科研，潜在服务功能包括存在功能、遗产功能、选择功能。

第一节
供给服务功能

水作为人类及一切生物赖以生存的必不可少的重要物质，是工农业生产、经济发展和环境改善不可替代的极为宝贵的自然资源。水覆盖着地球表面 70% 以上的面积，总量达 15 亿 km^3，是世界上分布最广、数量最大、开发利用最多的自然资源，不仅广泛应用于农业、工业和生活，还用于发电、水运、水产、旅游和环境改造等。

四川南河国家湿地公园作为广元市主城区的"城市海绵体"与"蓄水库"，其丰富的湿地类型蓄积了大量的生态水资源，为城区及周边居民生产生活供水需求作出了巨大贡献。同时，湿地资源还可以补充地下水，调节水资源分配，具有重要的生态服务价值。公园中湿地资源主要包括南河、万源河、南湖、中湖、北湖、对望湖、梯田湿地、蓄水池以及彼此连接的生态小溪，除南河、万源河外，其他湿地中的水资源主要来自经提灌系统从南河、万源河中抽取获得。据估算，四川南河国家湿地公园中，为居民提供的水资源量达 1425.875 万 m^3/a。

第二节
调节服务功能

1. 气候调节

气候调节作为生态系统中重要的调节服务功能之一，其过程主要受森林植被与湿地水体等的共同作用。湿地自由水面的水汽蒸发和森林植被剧烈的水汽蒸腾是调节气候的重要物质基础，二者都直接或间接地影响着区域的气候和环境。生态系统调节小气候的功能主要表现在湿地水汽蒸散和湿地植被蒸腾所产生的强烈的调温增湿效应。其中，调温效应体现在：湿地水体和森林植被在夏季表现出显著的降温过程，冬季则表现出明显的增温过程。增湿效应体现在：湿地水汽的蒸发和森林植被的蒸腾作用向空气中释放了大量的水汽，一方面增加了近地层空气的湿度，使局域气候比周边地区略温和湿润，另一方面促进了局域大气水分循环，有利于降水的产生，从而保持了局域的湿度和降雨量。

四川南河国家湿地公园中生态系统类型复杂多样，优势生态系统类型主要为湿地生态系统和森林生态系统。其中，湿地生态系统面积约占湿地公园总面积的54.05%，森林生态系统面积约占湿地公园总面积的40%左右。从广元市利州区历年平均温度和年降雨量看，自2009年湿地公园批准建立后，城区年平均温度呈下降趋势，年降雨量呈上升趋势（见图7-1）。此外，据夏季室外气温测量显示，公园内的室外平均气温比公园外的平均气温约

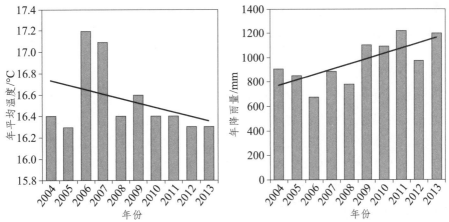

图 7-1　广元市利州区 2004—2013 年平均温度（左）和年降雨量（右）变化状况

低 2 ℃，有效缓解了城市环境热岛效应的扩散。由此可见，湿地公园的建立对城区局域气候调节和气候环境改善作出了积极贡献。

2. 水源涵养

水源涵养是生态系统的重要生态功能之一。生态系统涵养水源功能主要表现为汛期的调节洪峰能力和枯水季节的补水能力。湿地、森林和土壤都与水源涵养之间有着非常密切的关系。湿地水源涵养主要表现在地下水和地表水的垂直水循环过程。汛期时，洪水存于湿地内，湿地成为径流的暂时储存地，地表水可向下渗透，补给地下水含水层，这时湿地成为地下水的补给水源；枯水季节，地下水通过外流和蒸发，上升到湿地表面成为地表水，湿地成为地下水的排泄地。森林水源涵养主要表现在森林具有截留降水、蒸腾、增强土壤下渗、抑制蒸发、缓和地表径流、增加降水等功能，这些功能使森林对河川径流产生或增或减的影响，并主要以"时空"的形式直接影响河流的水位变化。在时间上，它可以延长径流时间，在洪水时减缓洪水的流量，在枯水位时补充河流的水量，起到调节河流水位的作用；在空间上，森林能够将降雨产生的地表径流转化为土壤径流和地下径流，或者通过蒸发蒸腾的方式将水分返回大气中，进行大范围的水分循环，对大气降水进行再分配。土壤水源涵养主要通过土壤毛管孔隙和非毛管孔隙来蓄积水量，主要表现在土壤蓄水和渗透性能两方面。

四川南河国家湿地公园作为湿地生态系统和森林生态系统为主的生态保护体系，其水源涵养功能不仅为城市提供生活蓄积所需的淡水资源，而且还是天然的蓄水库，在维持公园及周边所在区域的生态系统结构及水量平衡方面具有重要作用。据估测，四川南河国家湿地公园中湿地、森林及土壤水源涵养总量达 $3100.34 \, t \cdot hm^{-2} \cdot a^{-1}$。

3. 植物净化

植物净化功能是植物通过代谢作用（异化作用和同化作用）使进入环境中的污染物质无害化，包括陆生植物对大气污染的净化以及水生植物对水体污染物的净化作用等。植物净化大气主要通过叶片实现，主要作用有：（1）吸收 CO_2，放出 O_2；（2）对降尘和飘尘有滞留过滤作用；（3）在抗性范围内能通过吸收而减少空气中的 SO_2、HF、Cl_2、O_3 等有害气体含量；（4）在抗性范围内能减少光化学烟雾污染；（5）滤菌或杀菌作用；（6）对飘尘和颗粒物中的重金属有吸收和净化作用；（7）减少噪声污染和放射性污染。

某些水生植物对水体中的污染物有较好的吸收净化作用,被用来处理污水。例如,芦苇和大米草对水中悬浮物、氯化物、有机氮、硫酸盐均有一定的净化能力,水葱能净化水中酚类,凤眼莲、浮萍、金鱼藻、黑藻等有吸收水中重金属的作用。

四川南河国家湿地公园孕育了丰富的陆生及湿生植物资源,其净化功能主要通过这些植物资源对二氧化硫、氟化物、氮氟化物等大气污染物以及重金属等的吸收、降解、积累和迁移,达到净化作用。湿地公园生态系统的净化功能主要包括:(1)提供负氧离子,提高空气质量和环境品质;(2)吸收硫化物、氮化物和粉尘等物质,过滤空气,维持大气平衡,使空气净化;(3)降低噪声和杀灭病菌,有效减少环境污染给人类造成的健康损害;(4)净化水质,有效减少水体污染。

4. 土壤保持

生态系统不仅为人类提供多种多样的产品,同时也担负着重要的水土保持功能。森林生态系统的土壤保持功能,主要表现在:(1)森林对降水的截留作用。森林的树冠及地表植物可以截留一部分雨水,减弱雨滴对地表的直接冲击和侵蚀,降低降水强度,减少和延缓径流,减少对土壤的侵蚀。(2)森林土壤透水性能和蓄水性能。森林土壤由于含有大量的腐殖质,具有较高的透水性能和蓄水性能,使地表径流最大限度地转变为地下径流,以此可以减少地表径流量及其速度,从而减少土壤侵蚀。(3)树木根系对土壤的固结作用。在森林土壤中,树木根系纵横交错,盘根错节,具有固结土壤、减少滑坡和泥石流的作用。湿地生态系统的土壤保持功能主要表现在促淤造陆方面,一些湿生植物具有发达的根系,加速了淤泥的沉积作用,加快土壤形成。

四川南河国家湿地公园生态系统的土壤保持功能分固土和保肥两大类,主要表现在两个方面:一是减少土壤侵蚀,保持水土,防止河道淤积;二是为湿地公园植物提供生长发育的场所,保持植物所需的各种养分,促进土壤中氮、磷、钾等营养元素的循环。

5. 固碳释氧

生态系统的固碳释氧对减缓温室气体效应具有不可替代的作用。植物体通过光合作用可吸收空气中的 CO_2 和 H_2O,并将其转化成葡萄糖等碳水化合物,将光能转化为生物能贮存起来,同时释放出 O_2。氧是人类和所有动物生存不可缺少的物质，森林等绿色植物是影响氧元素在自然界循环的一个重要环节，是氧的"天然制造厂"。总之，生态系统能够从大气中获取并长期储存大量的有机碳，从而有效降低空气中 CO_2 的浓度，减少温室效应。与此同时，绿色植物通过光合作用释放了大量 O_2，从而维持了区域大气中 CO_2 和 O_2 的动态平衡，有效调节了大气组分，为人们的生活发展提供了基础的生存条件。生态系统的纳碳吐氧功能，对于人类社会和整个动物界都具有重要意义。

四川南河国家湿地公园由山地、河流、湖泊、梯田等共同组成，植被类型丰富，是广元生态园林城市建设的重要生态屏障关键区。同时，湿地公园作为城市绿地系统的重要组成部分，所具有的固碳释氧功能对于城市环境、人类社会及全球大气中的碳汇平衡都有着至关重要的作用。据估测，四川南河国家湿地公园中植物固碳量达 8389.14 t/a，土壤固碳量达 6957.44 t/a；植物释氧量达 19 966.15 t/a。

第三节
支持服务功能

1. 栖息地

栖息地是野生生物赖以生存的基本环境，各种野生生物都是以某种特定的生活方式依存于特定的栖息地之中。栖息地环境是生态系统中生物多样性维持的基本保障。森林及湿地等环境具有提供栖息地、保护生物多样性的重要功能，也是野生生物赖以生存的"诺亚方舟"。栖息地环境的复杂性，适合各类生物在此生存，诸如鸟类、鱼类、两栖类、爬行类、兽类及植物等。

四川南河国家湿地公园河流、岛屿、湖泊、库塘、滩涂等系统类型众多，植物资源茂盛，为区域生物多样性的发展提供了得天独厚的自然条件，是众多湿地鸟类及野生生物的天然栖息地，其特殊的地理位置和独特的生境为各种生物等提供了丰富的食物来源，同时也是它们营巢避敌、繁殖栖息、迁徙越冬的良好场所。南河湿地公园是我国候鸟迁徙途径路线的重要中转站，也是珍稀鸟类的繁殖地，区内鸟类种类多、数量大。因此，在生物栖息和保护珍稀、濒危物种方面发挥着十分重要的功能作用。

据初步统计，四川南河国家湿地公园内共有维管束植物 123 科 325 属 452 种，种类组成较为丰富。包括蕨类植物 5 科 7 属 11 种；裸子植物 6 科

9 属 10 种；被子植物 112 科 309 属 431 种。其中，国家重点保护植物主要包括银杏（*Ginkgo biloba*）、水杉（*Metasequoia glyptostroboides*）、杜仲（*Eucommia ulmoides*）、楠木（*Phoebe zhennan*）、喜树（*Camptotheca acuminata*）、金荞麦（*Fagopyrum dibotrys*）、莲（*Nelumbo nucifera*）等。湿地植物中以垂柳（*Salix babylonica*）、枫杨（*Pterocarya stenoptera*）、芦苇（*Phragmites australis*）、香蒲（*Typha orientalis*）等乡土物种及多种观赏水生植物为主，它们不仅是形成湿地植被的重要组成成分，同时所形成的栖息地环境也为多种湿地鸟类等小型动物提供栖息繁衍的良好场所。区域内共有脊椎动物 29 目 73 科 231 种。其中鱼类 4 目 9 科 39 种，主要分布于南河、万源河、北湖、中湖、南湖、对望湖等水域中；两栖类 2 目 6 科 12 种，主要分布于人工湖泊及退耕梯田区域；爬行类 2 目 9 科 17 种，主要分布于水域周边及林缘灌丛中；鸟类 16 目 39 科 139 种，主要分布于野生鸟岛及公园内各土地类型中；哺乳类 5 目 10 科 24 种，主要分布于湿地公园边缘的林区。

2. 人居环境改善

人的天性是亲水的。城市湿地以其优越的环境品质和巨大的吸引力，提升了湿地周边的物质环境品质以及文化品位，从而影响了周边的城市土地价格，带动了湿地周边的经济发展。城市湿地所创造的良好环境质量、开阔的空间、优秀的景观品质对于城市其他区域有着不可比拟的优势。因此，城市湿地所创造的生态价值对于城市经济的影响与人居环境的改善是不可估量的。

四川南河国家湿地公园坐拥南河、万源河两江清流，背靠（南）广元主城区大南山生态屏障，东西两翼连接主要城市功能区南河、万源片区，北面与广元市政治、经济、文化中心东坝片区隔河相望，处在大山、大水、大森林和中心城区的紧密环抱之中。因其特殊的地理位置和独特的自然条件，创造的良好环境质量、开阔的空间、优秀的景观品质，大大提升了广元市主城区及周边居民生活环境。

第四节
文化服务功能

1. 休闲娱乐

休闲娱乐功能是指生态系统或景观为人类提供观赏、娱乐、游憩的场所。随着城市化的不断发展，人类对具有审美意义且令人赏心悦目的自然景观的要求不断增加，人们普遍能从生态系统中发现其美学价值。然而，可以满足这种需求的地区在数量上和质量上越来越少，因此，湿地及森林作为一种重要的观赏娱乐新资源，受到各地人类的高度重视。

四川南河国家湿地公园是一个集自然生态、生物多样性、湿地生态系统、生态科学研究、生态经济示范于一体的天然实验室，区域内保留了历史长期发展演替形成的农耕湿地生态系统、水陆生动植物生态系统，其资源丰富、条件优越，特殊的地理位置及自然条件，造就了新、奇、美的休闲娱乐资源，水域、沼泽、陆地、滩涂等多种多样的生境，形成了结构和功能奇异的动植物群落，繁衍了一批具有重要保护价值的珍稀动植物，因此成为具有休闲娱乐价值的重要场所。

2. 文化科研

文化科研功能主要包括教育科研功能和文化功能。教育科研功能是指生态系统中复杂的结构功能、珍贵的生物物种、丰富的动植物群落等，对自然科学的研究和教育具有积极的作用；文化功能是指人类通过认知发展、主观映像、消遣娱乐和美学体验，从自然生态系统获得的非物质利益。

四川南河国家湿地公园中湿地生态系统和湿地生物多样性，是研究西南地区城市湿地生态系统结构与功能及内部各类生物物种形成与发展的理想场所，也是探索城市湿地演替规律、驱动机制及其在人为干扰下动态变化的重要基地。区域内湿地资源的有效保护和合理利用，湿地的类型、演化、分布、结构和功能等都是生态学及地理学研究的课题。湿地是十分脆弱的生态系统，与人类的生存和发展息息相关，因此如何有效保护和合理开发利用湿地生态系统一直是各类科研的目标。

四川南河国家湿地公园的文化功能主要包括文化多样性、教育价值、灵感启发、美学价值、文化遗产价值、娱乐和生态旅游价值等。水作为"自然风景"的"灵魂"，其娱乐服务功能是巨大的。同时，作为一种独特的地理单元和生存环境，水生态系统对形成独特的传统文化类型影响很大。自然是科学文化艺术灵感的源泉，为教育和科学研究提供巨大的潜力，正如所说"通过走近自然、了解自然，人类以灵感与启迪的形式获取了创造性经历，并不断促进感觉、认知及情感的发展"。

第五节
潜在服务功能

生态系统服务功能中，除了上述 4 大类及若干子生态系统服务功能外，还具有其他无法衡量的服务功能，包括存在功能、遗产功能和选择功能。

1. 存在功能

存在功能即生态系统的内在功能，它是生态系统本身具有的功能，与人类存在与否无关，如物种、遗传资源、生态系统等。

出于与后代及生命的感情联系，人们认为作为城市载体的四川南河国家湿地公园生态系统具有含蓄的内在的道德上的价值，希望所经历的环境能够保持连续性，湿地公园生境的破坏意味着损失，愿意支付一定的货币来保护现存的环境，维持与促进丰富的生物多样性，就是四川南河国家湿地公园的存在功能。

2. 遗产功能

遗产功能源于人们将价值置于生态系统的保护上，供后代利用，并涉及关于未来收益以及未来收益与技术的可用性的一些假设条件，并且将来能够为后代提供某种资源。

出于生态系统可持续发展的考虑，人们意识到湿地生态系统保护的重要性，并将这种保护意识及湿地生态系统重要性凌驾于能获得的社会经济效益价值之上，并将这种意识或生态系统本身存在的内在价值延续并遗传到下一代，供后代无限期的保护与利用，这就是四川南河国家湿地公园的遗产功能。

3. 选择功能

选择功能指个人和社会对生态系统的生物资源及生物多样性潜在用途的选择性利用。同时，这种利用包括直接利用、间接利用、选择利用和潜在利用。

人们不仅愿意支付一定的费用来获得四川南河国家湿地公园的休闲娱乐服务，而且还愿意为未来支付一定的费用，以便把这种休闲娱乐的选择权留给自己、他人或后代，这种为保留未来的选择权而愿意支付一定的费用的行为就是四川南河国家湿地公园生态系统的选择功能。

第八章

四川南河国家湿地公园生态系统服务价值货币化

生态系统服务价值货币化是生态系统服务研究的重点和难点。不仅需要了解生态系统服务功能的过程和内容，还要在此基础上运用环境经济学、资源经济学、生态经济学及福利经济学的许多估算方法进行量化，以达到比较准确地反映生态系统服务价值的目的。本章将根据第六章第三节对四川南河国家湿地公园各类生态系统服务功能的分类，逐项估算、量化各类及子类生态系统服务功能的价值。

本章采用的数据来源于 Google 影像解译数据（2014 年 09 月）、2015年 3 月的野外调研与问卷访问调查数据、野外采集样品分析数据、广元市及利州区年鉴（2014）、广元市利州区气象数据（广元市气象局提供）、相关物价数据（广元市物价局提供）、湿地公园发展建设相关数据（四川南河国家湿地公园管理处提供）、四川南河国家湿地公园生物多样性调查报告（袁兴中主持编写）等。对于计算中涉及的某些参考值，是综合了四川南河国家湿地公园的研究背景和该参考值在国内被采用的频度来选取的，而用到的个别中间变量已经在后面进行了标注，其余数据都准确无误。

根据生态学和生态系统服务功能原理，在已有的生态经济学研究成果基础上，结合四川南河国家湿地公园的生态服务功能共性和城市社会经济环境建设需求特性，将湿地公园的生态系统服务价值划分为生态过程价值、社会人文价值和未来潜在价值 3 类。其中，生态过程价值包括气候调节、水源涵养、植物净化、土壤保持、固碳释氧、栖息地 6 部分，社会人文价值包括水源供给、休闲娱乐、文化科研、人居环境改善 4 部分，未来潜在价值包括存在价值、遗产价值、选择价值 3 部分。

第一节
生态过程价值

1. 气候调节价值

1）评估思路

城市中绿地、湿地及森林等生态系统对提高空气湿度、缓解气温变化、诱发降雨有着显著作用，能够调节区域气温、稳定局部气候。以湿地公园为主体的城市复合生态系统通过植物光合作用、蒸腾蒸散以及湿地的蒸发作用降低了城市城区温度，提高了空气湿度，是缓解城市热岛效应的有效途径之一。

四川南河国家湿地公园地处广元市主城区，作为典型的城市湿地公园，赋含了较大面积的城市湿地及森林资源，通过森林及湿地的蒸腾吸热功能，有效地降低了城市温度，改善了城市热环境。在气候调节价值量化过程中采用等效益替代法，根据森林的蒸散量和城市湿地 6、7、8 月份的水体蒸发量，将热能值转化为电能值，最后利用城市居民用电价格进行估算。

2）参数获取

四川南河国家湿地公园的气候调节价值主要表现为森林及湿地的降温增湿，评估系统中采用森林及湿地蒸腾吸热的热能量与对应的电能值进行转换估算，其具体参数获取步骤和方法如下。

① 森林蒸腾吸热参数获取：包括胸径大于 20 cm 的大树数量（CJJ/T 82—2012，DB11/T 212—2009）、气温高于 31 ℃ 的天数（罗晓玲等，2004；张书余，2002）、居民每天使用空调的平均时间。由于四川南河国家湿地公园兼具了城市湿地公园的特性，研究以胸径 20 cm 以上的乔木作为蒸腾吸热价值的主要贡献者，忽略了小乔木、灌木及其草本的蒸腾吸热价值，据调查统计，湿地公园内胸径大于 20 cm 的大树约为 3815 株。据中国天气网对广元市 2011 年 1 月—2015 年 6 月的统计，多云 785 d，雨 550 d，阴 145天，晴 54 d，雪 16 d，由于阴雨天气的影响，空气湿度在 70% 以上的天气较多，尤其在 6、7、8 月份空气湿度有所增加。因此，研究将广元市最高气温大于 31 ℃ 的天数确定为居民使用空调的天数。根据天气网近 4 a 的历史数据统计，广元市平均大于 31 ℃ 的天数为 46 d；居民每天使用空调时

间由访问调查得出，平均约为 20 h/d。

② 湿地蒸腾吸热参数获取：包括湿地水体蒸发量和温度参数。其中，湿地水体蒸发量由气象数据统计得出，根据广元市气象局提供的 2004—2013 年的蒸发量数据显示，广元市年均蒸发量为 915 mm，结合广元市三堆水面蒸发站 22 a 的水面逐月蒸发量统计记录（见表 8-1），统计结果得出：广元市 6、7、8 月份的水面蒸发量约为 327.7 mm。四川南河国家湿地公园夏季水面平均温度由实际测量得出，约为 18 ℃。

表 8-1　广元市蒸发量逐月分配表

月　份	一	二	三	四	五	六	七	八	九	十	十一	十二	全年
蒸发量/mm	37.8	42.1	69	89.6	105.2	110.8	106.1	110.8	66.5	52.9	44.7	39.5	876.6
百分比/%	4.3	4.8	7.9	10.3	12	12.8	12.1	12.6	7.6	6.0	5.1	4.5	100

3）评估方法与计算公式

① 森林蒸腾吸热价值评估方法采用等效益替代法计算。一株大树蒸发一昼夜的调温效果等于 1046 kJ，相当于 10 台空调机工作 20 h(彭建，2005)，以室内空调机耗电 0.8 度/台，电费按 1.2 元/度计，则为 0.96 元/(h·台)。计算公式为

$$V_{1\text{-}1} = N \times H \times P \times 10 \tag{8-1}$$

式中：$V_{1\text{-}1}$ 为森林的蒸腾吸热价值（元），N 为评估范围内胸径大于 20 cm 的大树的数量（株），H 为空调在当地气候条件下夏季工作的时间长度（h），P 为一台空调每小时的耗电价格（元）。

② 湿地蒸腾吸热价值评估方法采用等效益替代法计算。根据广元市水域 6、7、8 月份的水体蒸发量，将热能值转化为电能值，最后利用城市居民用电价格进行估算。计算公式为

$$V_{1\text{-}2} = \sum [\,(C \times M \times \delta T)\,/\,(3.6 \times 10^6)\,] \times P \tag{8-2}$$

式中：$V_{1\text{-}2}$ 为湿地蒸腾吸热价值（元），C 为水的比热容 4.2×10^3[J/(kg·℃)]，M 为湿地公园水面积乘以月蒸发量得到的蒸发水量（kg），δT 为水温与 100 ℃ 的差值（℃），P 为居民用电价格（元/度）。

综上，四川南河国家湿地公园的气候调节价值为

$$V_1 = V_{1\text{-}1} + V_{1\text{-}2} \tag{8-3}$$

式中：V_1 为气候调节价值（元），$V_{1\text{-}1}$ 为森林蒸腾吸热价值（元），$V_{1\text{-}2}$ 为湿

地蒸腾吸热价值（元）。

4）评估结果

统计结果显示，四川南河国家湿地公园的大气调节价值为 3369.67 万元。其中，森林蒸腾吸热价值为 3369.4 万元，湿地蒸腾吸热价值为 0.2558 万元。

2. 水源涵养价值

1）评估思路

城市湿地及森林生态系统作为"城市海绵体"的重要组成部分，具有较强的水源贮存能力，可以蓄积大量的水资源，便于补充地下水、调节暴雨径流。水源涵养服务功能的实质是对降水的合理分配，具有可以为人类所利用的调节功能，但也存在数量和质量的问题。当水量过多，形成洪水时，系统输出的水量越少，则功能越好；当水量过少时，系统输出的水量越多，则功能越好，这使水源涵养功能的计算较为复杂。此外，满足一定的水环境质量也是水源涵养功能的重要服务标准之一。通常在水源涵养价值评估中只针对水量进行评估，而将水质净化单独作为一项服务进行。

四川南河国家湿地公园与水密切相关，涵养水源是湿地公园的重要生态功能，在水源涵养价值评估量化过程中，将水质净化单独作为一项评估指标，仅考虑湿地和森林两个方面的水源涵养价值，并采用影子工程法，将湿地和森林涵养水源的物质量转化为库容成本进行估算。

2）参数获取

四川南河国家湿地公园的水源涵养价值主要包括湿地生态系统的水源涵养价值和森林生态系统的水源涵养价值，其具体参数获取步骤与方法如下。

① 湿地生态系统水源涵养参数获取：四川南河国家湿地公园人工湿地生态系统部分具有调节洪水的功能。据四川南河国家湿地公园管理处提供的资料统计，南河湿地公园人工湿地蓄水情况主要包括：蓄水池 3536 m³，叠水瀑布 3510 m³，南湖 6675 m³，中湖 8000 m³，北湖 10 850 m³，对望湖 800 m³。人工湿地的蓄水量总计达到 33 371 m³。

② 森林生态系统水源涵养参数获取：森林生态系统水源涵养量是指森林土壤的拦截、渗透与储藏雨水的数量。从整个降雨过程来看，雨水降落到林地以后，由于重力的作用，会不停地通过土壤渗入地下。通常情况下，

森林土壤不会因水分饱和而产生地表径流。因此，可通过降雨量和林冠（包括灌木层）对降雨的截留率等关系来计算水源涵养量。研究采用土壤蓄水能力法，在计算中只考虑土壤层的水分截留，认为土壤层的涵养水量是最终涵养。主要参数包括：不同森林类型对降雨量的截留率，由文献资料查阅得到（见表 8-2）；湿地公园针叶林、阔叶林、灌木林面积，由遥感解译与实地调查勾绘得到；湿地公园区域年降雨量，以广元市 2004—2013 年年均降雨量等效代替（见表 8-3）。

表 8-2　不同植被类型林冠对降雨量的截留率

植被类型	针叶林	阔叶林	灌木林	来源
林分面积/m²	78 692.41	337 146.76	38 625.63	调查与解译
截留率/%	27.8	31.2	19.6	资料

注：截留率（%）数据引自梁建民等，1980；张增哲等，1988。

表 8-3　广元市 2004—2013 年年均降雨量

年　份	2004	2005	2006	2007	2008	2009	2010	2011	2012	2013
年降雨量/mm	910.1	847.4	678.7	895.4	783.2	1101	1095	1222	977.8	1205

通过上述基础数据计算森林生态系统的水源涵养量，计算方法为：$W_t = \sum P \times S_i \times (1-I_i) \times 10$，式中，$W_t$ 为研究区域的森林水源涵养量（m³），P 为年降雨量（mm），S_i 为第 i 类植被类型的面积（hm²），I_i 为第 i 类植被类型的林冠截留率，统计结果表明：森林生态系统的水源涵养量为 310 767.17 m³。

③ 水库库容造价参数获取：水价根据 1993—1999 年《中国水利年鉴》平均水库库容造价为 2.17 元/t，2015 年价格指数为 2.816，即得到单位库容造价为 6.1107 元/t。

3）评估方法与计算公式

水源涵养价值评估量化采用影子工程法估算，用水库库容造价成本来计算四川南河国家湿地公园的水源涵养价值。计算公式为

$$V_2 = (Q_1 + Q_2) \times K \qquad (8\text{-}4)$$

式中：V_2 为湿地公园水源涵养价值（元），Q_1 为湿地水源涵养量（t）；Q_2 为森林水源涵养量（t），K 为单位库容造价（元/t）。

4）评估结果

统计结果显示,四川南河国家湿地公园的水源涵养价值为 210.29 万元。其中,湿地水源涵养的价值为 20.39 万元,森林水源涵养价值为 189.90 万元。

3. 植物净化价值[①]

1）评估思路

湿地被誉为"地球之肾",可以沉淀、排除、吸收和降解有毒物质,以它复杂而微妙的方式扮演着自然净化器的重要角色。城市湿地受人为干扰力度大,此项生态系统服务功能显得尤为重要,而人工湿地是在模拟自然湿地降解污水的基础上专门建造的用于处理污水的系统。此外,湿地及森林生态系统中丰富的植物资源在提供负氧离子、吸收污染物、降低噪声、杀灭病菌等方面发挥着重要作用。

四川南河国家湿地公园中植物净化价值评估量化过程中采用成本替代法、污染防治成本法、成果参照法等将其各项子服务功能转换为治理污染等所需要的成本来计算。

2）参数获取

四川南河国家湿地公园的植物净化价值主要包括提供负氧离子、吸收污染物、降低噪声、杀灭病菌、净化水质等价值,其具体参数获取步骤与方法如下。

① 提供负氧离子参数获取:采用日本型号为 KEC-900 的负氧离子测试仪测试。并采用多时段、多地点结合的方式,最大限度地精确测试结果,最后获取负氧离子浓度的平均值。负氧离子寿命及工业生产负氧离子成本由查阅资料获得,负氧离子寿命约为 10 min,负氧离子寿命及工业生产费用为工业生产负氧离子成本为 5.8185 元/10^{18} 个。因湿地公园的植被覆盖度达到90%以上,在计算中植被面积以湿地公园总面积代替为 111 hm^2;植被平均高度由现场调查估测,平均高度约为 13 m。

② 吸收污染物参数获取:由文献资料获取污染物的治理成本、不同类

---

① 在湿地公园植物净化价值估算中,由于计算的复杂性和指标参数的可获取性限制,只重点考虑了森林、绿地及梯田的植物净化功能。实际上,明水域的净化功能也是存在的,例如流动的水体能产生较多的负氧离子,水体环境与城市建筑之间形成的自然隔离状态也能有效降低噪声等。所以说,此部分的实际价值应该大于目前估算的经济价值。

型林地年吸收污染物的量及主要污染物类型；森林绿地面积及类型由遥感解译及实际调查获得，其中森林绿地总面积为 41.58 hm²。计算过程中参照并引用《中国生物多样性国情研究报告》中相关成果数据，阻滞粉尘的价格采用煤炉大气污染排污收费标准的平均值，即森林绿地阻滞粉尘的价格为 560 元/t（见表 8-4）。

表 8-4　不同类型森林绿地吸收污染物量和治理成本

类　　型	二氧化硫	氟化物	氮氧化物	滞尘
针叶林吸收污染量/t·hm⁻²	215.60	0.5	6.0	33.2
阔叶林吸收污染量/t·hm⁻²	88.65	4.65	6.0	10.11
平均吸收污染量/t·hm⁻²	152.12	2.57	6.0	21.65
治理成本/元·t⁻¹	1200	690	630	150

③ 降低噪声参数获取：据研究 1 km 长的城市隔音墙的隔音减噪作用相当于 1 km 长 40 m 宽的城市绿化用地的隔音减噪作用，将湿地公园中绿地面积折算为城市隔音墙。单位公里降低噪声的费用按照每平方米隔音墙（高4 m）的成本计算，则每公里隔音墙的降低噪音成本为 400 000 元/km（武文婷，2011；胡小飞，2014；段彦博，2016）。隔音墙折合计算方法为：$L_{噪声}=A/$（1000×40÷10 000）$=A/4$，式中 $L_{噪声}$ 为森林绿地面积折合为隔音墙公里数（km），A 为森林绿地面积（hm²）。

④ 杀灭病菌价值参数获取：将平均造林成本 240.03 元/m³ 按一般林木实物性直接使用价值占绿地有形和无形总价值的比例 10%加以调整，根据我国成熟林单位面积蓄积量 80 m³/hm²，结合四川南河国家湿地公园森林绿地面积 41.58 hm² 来计算。参考李金昌等（1999）、王恩等（2011）使用的杀灭病菌价值分别占森林绿地总生态功能价值的比例系数 20%和 15%，结合四川南河国家湿地公园森林绿地的实际情况进行估计，假设杀灭病菌价值占森林绿地总生态功能价值的比例系数为 15%，以此估算湿地公园杀灭病菌价值。

⑤ 净化水质参数获取：引用谢高地等（2003）的研究成果,中国陆地生态系统的水质净化功能的单位价值为 16 086.6 元/hm²，以此估算四川南河国家湿地公园净化水质的价值；湿地公园中除道路、建筑等硬质表面及明水表面外的生态系统面积为 56.49 hm²。

3）评估方法与计算公式

① 提供负氧离子价值计算采用成本替代法计算，其计算公式为

$$V_{3-1}=5.256\times10^{15}\times A\times H\times K\times(Q-600)/L \qquad (8-5)$$

式中：V_{3-1} 为林分提供负氧离子的价值（元），A 为植被面积（hm²），H 为植被平均高度（m），K 为负氧离子生产费用（元/个），Q 为林分内负氧离子浓度（个/m³），L 为负氧离子寿命（min）。

② 吸收污染物价值采用污染防治成本法计算，其计算公式为

$$V_{3-2}=\sum K_i\times Q_i\times A \qquad (8-6)$$

式中：V_{3-2} 为吸收污染物价值（元），K_i 为第 i 类污染物的单位质量治理成本（元/kg），Q_i 为单位面积森林绿地吸收第 i 类污染物的量（kg/hm²），A 为森林绿地面积（hm²），i 为污染物类型。

③ 降低噪声价值采用成本替代法计算，其计算公式为

$$V_{3-3}=K_{噪声}\times L_{噪声} \qquad (8-7)$$

式中：V_{3-3} 为降低噪声价值（元），$K_{噪声}$ 为单位公里数降低噪声的成本（元/km），$L_{噪声}$ 为森林绿地面积折合为隔音墙公里数（km）。

④ 杀灭病菌价值采用成本替代法计算，其计算公式为

$$V_{3-4}=15\%\times10\%\times C_{造林}\times Q_{蓄}\times A \qquad (8-8)$$

式中：V_{3-4} 为杀灭病菌价值（元），$C_{造林}$ 为我国平均造林成本（元/m³），$Q_{蓄}$ 为我国成熟林单位面积蓄积量（m³/hm²），A 为湿地公园森林绿地面积（hm²）。

⑤ 净化水质价值采用成果参照法计算，其计算公式为

$$V_{3-5}=K_{水}\times S_{生} \qquad (8-9)$$

式中：V_{3-5} 为净化水质价值（元），$K_{水}$ 为中国陆地生态系统的水质净化功能的单位价值（元/hm²），$S_{生}$ 为湿地公园中除道路、建筑等硬质表面及明水表面外的生态系统面积（hm²）。

综上，四川南河国家湿地公园的植物净化价值为

$$V_3=V_{3-1}+V_{3-2}+V_{3-3}+V_{3-4}+V_{3-5} \qquad (8-10)$$

式中：V_3 为植物净化价值（元），V_{3-1} 为提供负氧离子的价值（元），V_{3-2} 为吸收污染物价值（元），V_{3-3} 为降低噪声价值（元），V_{3-4} 为杀灭病菌价值（元），V_{3-5} 为净化水质价值（元）。

4）评估结果

统计结果显示，四川南河国家湿地公园的植物净化价值为 1106.14 万

元。其中提供负氧离子价值为 0.22 万元；吸收污染物价值为 598.05 万元，包括吸收二氧化硫的价值 562.22 万元，吸收氟化物的价值 11.09 万元，吸收氮氧化物的价值 15.71 万元，滞尘价值 9.03 万元；降低噪声价值为 415.80 万元；杀灭病菌价值为 1.20 万元；净化水质价值为 90.87 万元。

5）备注说明

在湿地公园植物净化价值估算中，由于受到计算的复杂性和指标参数的可获取性限制，只重点考虑了森林、绿地及梯田的植物净化功能。实际上，明水域的净化功能也是存在的，例如流动的水体能产生较多的负氧离子，水体环境与城市建筑之间形成的自然隔离状态也能有效降低噪声等。所以说，此部分的实际价值应该大于目前估算的经济价值。

4. 土壤保持价值

1）评估思路

土壤是重要的不可再生资源，土壤侵蚀是养分流失的主要过程，同时也是河流淤塞的物质来源。据研究表明，自然界每生成 1 cm 厚的土壤层需要 100 a 以上的时间。也就是说，土壤层是经过自然生态系统千百年的生物和物理过程产生和积累而成的，它是一个国家财富的重要组成部分。生态系统对土壤具有保护功能，可以有效地防止水土流失，保留营养物的作用。

四川南河国家湿地公园土壤保持价值评估量化过程中，根据湿地公园土壤保持量情况、土壤侵蚀情况以及土壤营养元素含量情况等，采用替代工程法将土壤侵蚀量转化为治理这种侵蚀造成的泥沙淤积灾害所需的工程成本；采用影子价格法将土壤所含的氮、磷、钾含量转化为购买这些当量营养元素的市场价格；采用机会成本法估算因土壤侵蚀而造成的废弃土地而失去的年经济价值。

2）参数获取

四川南河国家湿地公园的土壤保持价值主要包括减少泥沙淤积灾害价值、保持土壤肥力价值和减少土地废弃价值。评估参数主要包括土壤保持量，土壤侵蚀模数，挖取单位面积土方费用，土壤容重及氮、磷、钾含量，氮、磷、钾市场价格，土壤废弃价值参数等，其具体参数获取步骤与方法如下。

① 土壤保持量参数获取：采用国内外目前较公认的植物固土量计算方法计算得到，具体方法为 $G_{固土} = A \times (X_2 - X_1)$。其中，$G_{固土}$ 为林地年固土量（t），

X_2 为裸地土壤侵蚀模数（t/hm^2），X_1 为林地土壤侵蚀模数（t/hm^2），A 为林地面积（hm^2），以森林绿地面积代替。

②土壤侵蚀模数参数获取：引用王金锡等（2006）、杨洪国（1995）的成果数据作为该评估参数（见表8-5）。

表8-5　不同土地类型的土壤侵蚀模数参照表

土地类型	侵蚀模数	土壤容重	来源
裸地	410.40	1.682	王金锡等（2006）
林地	35.00	1.410	杨洪国（1995）

③挖取单位面积土方费用参数获取：根据2002年黄河水利出版社出版的《中华人民共和国水利部水利建筑工程预算定额》（上册）中的参考价格为 12.6 元/m^3。

④土壤容重及氮、磷、钾含量参数获取：根据四川南河国家湿地公园中不同的林分类型、土壤类型，进行土壤采样，并分析化验得到全氮、磷、钾的含量及容重（见表8-6）。

表8-6　不同植被类型下土壤营养元素含量

类型	全氮（10^{-6}）	全磷（10^{-6}）	全钾（10^{-2}）	密度/$kg \cdot m^{-3}$
阔叶林	1436.5	551.75	1.9425	1440
针叶林	987	768	2.2	1420
灌木林	992	466	1.43	1480
河滩湿地	1071	539.5	1.605	1260

⑤氮、磷、钾市场价格参数获取：根据中国农业网2015年上半年的平均价格，磷酸二铵化肥价格为2800元/t，含氮、磷量分别为14%和15.01%；氯化钾价格为2100元/t，含钾量50%。

⑥土壤废弃价值参数获取：根据全国土地耕作层的平均厚度，以0.6m作为湿地公园减少废弃土地的土层厚度；根据中国国家统计局的统计，中国林业生产的年均收益为282.17元/hm^2。

3）评估方法与计算公式

①我国主要流域的泥沙运动规律：一般土壤侵蚀流失的泥沙有24%淤积于水库、河流、湖泊，这部分泥沙直接造成了水库、江河、湖泊蓄水量的下降，在一定程度上增加了干旱、洪涝灾害发生的机会，另有33%滞留，

37%入海（中国水利部，1992）。研究仅考虑淤积于水库、河流、湖泊的 24% 的泥沙量作为减少泥沙淤积量。减少泥沙淤积灾害价值采用替代工程法计算，其计算公式为

$$V_{4\text{-}1}=24\% \times G_{固土} \times C/\rho \tag{8-11}$$

式中：$V_{4\text{-}1}$ 为减少泥沙淤积灾害价值（元），$G_{固土}$ 为林分年固土量（t），ρ 为林地土壤密度（t/m³），C 为挖取和运输单位体积土方所需费用（元/m³）。

② 根据湿地公园不同林分类型下土壤中养分的含量，采用影子价格法估算保持土壤肥力价值，其计算公式为

$$V_{4\text{-}2}=\sum \left(A \times C_i \times P_i/R_i\right) \ (i=\text{N，P，K}) \tag{8-12}$$

式中：$V_{4\text{-}2}$ 为保持土壤肥力价值（元），A 为土壤保持总量（t），C_i 为土壤中养分（N、P、K）含量，R_i 为土壤磷酸二铵化肥含氮量、含磷量以及氯化钾化肥的含钾量（%），P_i 为 N、P、K 肥料的价格（元/t）。

③ 根据土壤年保持量和土壤表土平均厚度推算因土壤侵蚀而造成的废弃土地面积，再利用机会成本法计算因废弃土壤而失去的经济价值，其计算公式为

$$V_{4\text{-}3}= G_{固土} \times B/ \left(0.6 \times 10\ 000\rho\right) \tag{8-13}$$

式中：$V_{4\text{-}3}$ 为减少土地废弃价值（元），$G_{固土}$ 为林分年固土量（t/a），B 为林业年均收益（元/hm²），ρ 为林地土壤密度（t/m³）。

综上，四川南河国家湿地公园的土壤保持价值为

$$V_4=V_{4\text{-}1}+V_{4\text{-}2}+V_{4\text{-}3} \tag{8-14}$$

式中，V_4 为土壤保持价值（元），$V_{4\text{-}1}$ 为减少泥沙淤积灾害价值（元），$V_{4\text{-}2}$ 为保持土壤肥力价值（元），$V_{4\text{-}3}$ 为减少土地废弃价值（元）。

4）评估结果

统计结果显示，四川南河国家湿地公园的土壤保持价值为 2.02 万元。其中，减少泥沙淤积灾害价值为 0.039 万元；保持土壤肥力价值为 1.98 万元；减少土地废弃价值较小，可忽略不计。

5. 固碳释氧价值

1）评估思路

联合国气候变化框架公约东京会议已确认 CO_2 排放是温室效应的主要

原因之一。植物的叶绿素可以吸收空气中的 CO_2，并将其转化成葡萄糖等碳水化合物，将光能转化为生物能贮存起来，同时释放出 O_2，这一功能对于人类社会、整个生物界以及全球大气平衡，都具有极为重要的意义。生态系统中除植物固定 CO_2 释放 O_2 外，土壤在固碳方面也发挥着重要作用。

四川南河国家湿地公园固碳释氧价值评估量化过程中，根据光合作用原理，通过湿地及森林生态系统的植物生物量，以及不同土壤类型碳含量的测定，可计算其固定二氧化碳和释放氧气的总物质量，并采用影子价格法将其转换为固碳释氧价值。

2）参数获取

四川南河国家湿地公园的固碳释氧价值主要体现在固定二氧化碳和释放氧气的价值。其中固碳价值主要包括植物固碳和土壤固碳两部分。其他固碳较少，可忽略不计；释氧价值主要以植物释氧为主，其具体参数获取步骤与方法如下。

① 固碳释氧总物质量参数：根据光合作用方程式 CO_2（264g）+H_2O（108g）→$C_6H_{12}O_6$（180g）+O_2（193 g），可以看出，植物每生产 180 g 干物质需要吸收 264 g CO_2，同时产生 193 g O_2，即植物每生产 1 g 干物质可固定 1.47 g CO_2，同时释放 1.07 g O_2，结合四川南河国家湿地公园的植物生物量，可计算出植物固碳释氧的总物质量。土壤固碳的总物质量采用实验测定得出。

② 植物生物量参数获取：通过查阅相关文献和参照《造林项目碳汇计量与监测指南》（国家林业局造林绿化管理司，2014）获取树种（组）树高与胸径的异速生长方程回归模拟得出乔木类生物量，针对湿地公园中目前暂无树高与胸径回归模拟树种生物量的某些物种，则根据树种叶片的质地情况将该树种归并到相对应的树种组中进行生物量模拟计算，如硬阔类、软阔类、栎类等；灌木和草本生物量采用样地收获称重法推算其生物量。统计结果显示，湿地公园中的植物生物量为 16 778.32 t。

③ 植物固碳量参数获取：植物固碳量由植物的生物量转换而来，其转换过程及计算方法为：$G_1=Bio×R=Bio×1.63×$（c/co_2）$=Bio×0.445$，式中，G_1 为植物固碳量，Bio 为生物量，R 为转换系数，C 为一个碳原子的质量，co_2 为一个 CO_2 分子的质量。由于森林郁闭度的变化，实际生物量与固碳的转化系数将变化，以郁闭度20%作为森林的标准，则转化系数为 0.5（方静

云，2007），由此可得：$G_1=Bio\times0.50$。经统计计算，湿地公园中的植物固碳量为 8389.14 t。

④ 土壤固碳量参数获取：采用土壤类型法计算土壤固碳量。首先通过对湿地公园实地调查，根据不同的林分类型采集土样，调查发现，湿地公园内的土壤类型主要有黄壤、紫色土和冲击土。其次，根据不同的植被类型划定林下土壤的图斑面积、空间分布。最后，利用环刀法采取土样，并带回实验室测定土壤的密度、有机质含量等，实验测定参数及计算结果见表 8-7。

表 8-7 四川南河国家湿地公园中土壤固碳量及相关参数统计

类型	土壤类型	有机质比率	转换系数	面积/m^2	平均厚度/m	密度/$kg\cdot m^{-3}$	碳储量/kg	碳密度/$kg\cdot m^{-2}$
A	黄壤	0.0204	0.58	181 447.235 7	0.6	1530	1 970 839.23	10.861 776
B	黄壤	0.0246	0.58	14 540.205 87	0.6	1520	189 203.207 5	13.012 416
C	黄壤	0.0572	0.58	141 159.318 2	0.6	1270	3 568 523.374	25.280 112
D	紫色土	0.0112	0.58	78 692.412 01	0.6	1420	435 530.393 9	5.534 592
E	冲积土	0.0445	0.58	29 851.140 47	0.6	1260	582 466.199 3	19.512 36
F	黄壤	0.0106	0.58	38 625.630 54	0.6	1480	210 873.694 4	5.459 424

注：A—常绿落叶阔叶混交林；B—常绿阔叶林；C—落叶阔叶林；D—针叶林；E—河滩及梯田；F—灌木林。

土壤固碳量具体计算方法为 $SOC_i=S_i\times T_i\times C_{ci}\times P_i\times0.58$，式中，$SOC_i$ 为第 i 种林分类型下的碳储量（kg），S_i 为第 i 种林分类型下的土壤分布面积（m^2），T_i 为第 i 种林分类型下土壤的平均厚度（m），C_{ci} 为第 i 种林分类型下土壤的平均有机质含量，P_i 为第 i 种林分类型下土壤的平均密度（kg/m³），0.58 为有机质与有机碳之间的转换系数。经统计计算，湿地公园中的土壤固碳量为 6957.44 t。

⑤ 植物释氧量参数获取：根据植物光合作用方程，植物每生产 1 g 干物质释放 1.19 g 氧气，具体计算方法为 $G_2=1.19\times Bio$，式中，G_2 为林分释氧量，Bio 为植物生物量。经统计计算，湿地公园中的植物释氧量为 19 966.15 t。

⑥ 固定单位体积 CO_2 的价格参数获取：目前，国际上计算固定 CO_2 价值的方法有碳税法（影子价格法的一种）和造林成本法（影子工程法的一种）（任志远等，2003）。碳税法是根据国际上统一的标准确定的，造林成

本法的标准则是根据我国的造林成本来确定的。碳税法是一种由多个国家制定的旨在削减温室气体排放的税收制度，即对 CO_2 的排放进行收费来确定 CO_2 排放损失价值的方法。目前我国环境学家常采用《中国生物多样性国情研究报告》所公布的瑞典碳税率 150 美元/t（薛达元等，1999），折合人民币 934.26 元/t C（按 2015 年人民币对美元平均汇率 6.2284）。造林成本法是指利用营造可以吸收同等数量的 CO_2 的林地的成本来替代其他途径吸收 CO_2 的功能价值，目前中国平均造林成本为 240.03 元/m³，折合为 260.9 元/t C（欧阳志云等，1999）。取瑞典碳税率和我国的平均造林成本的平均值 597.58 元/t C 作为湿地公园本次研究固定 CO_2 价格。

⑦ 释放单位体积 O_2 的价格参数获取：植物放氧的经济价值按中国平均造林成本 240.03 元/m³，折合为 352.93 元/t O（欧阳志云等，1999），按工业制氧影子价格法为 400 元/t O（国家统计局，1992；胡孔泽，1994），按中国卫生部网站中 2007 年春季氧气的平均价格为 1000 元/t。取三者的平均值 584.31 元/t O 作为湿地公园本次研究释放氧气的价格。

3）评估方法与计算公式

① 固碳价值的评估方法采用碳税法、造林成本法、影子价格法计算，其计算公式为

$$V_{5-1}=\sum (B_i+Q_i) \times P_c \tag{8-15}$$

式中：V_{5-1} 为固碳价值（元）；B_i 为第 i 种植物的植物固碳量（t），Q_i 为第 i 种土壤类型的土壤固碳量（t），P_c 为固定单位体积 CO_2 的价格（元/t）。

② 释氧价值的评估方法采用造林成本法、影子价格法计算，其计算公式为

$$V_{5-2}=1.19 \times Bio \times P_o \tag{8-16}$$

式中：V_{5-2} 为植物释氧价值（元），Bio 为生物量（t），P_o 为释放单位体积 O_2 的价格（元/t）。

综上，四川南河国家湿地公园的固碳释氧价值为

$$V_5=V_{5-1}+V_{5-2} \tag{8-17}$$

式中：V_5 为固碳释氧价值（元），V_{5-1} 为植物与土壤固碳价值（元），V_{5-2} 为植物释氧价值（元）。

4）评估结果

统计结果显示，四川南河国家湿地公园的固碳释氧价值为 2083.72 万元，其中包括固碳价值 917.08 万元，植物释氧价值 1166.64 万元。

6. 栖息地价值

1）评估思路

物种栖息地是维持生物多样性的基本条件，但生物多样性价值的量化，在世界上仍是难题。迄今为止，只有一些探索的方法，如物种保护基价法、支付意愿法等。一般情况下采用市场定价法或者生产率变动法、意愿调查法、影子工程法和成果参照法来进行估算（李文华等，2008）。

四川南河国家湿地公园栖息地价值评估量化过程中，参照李建娜（2006）关于杭州西溪湿地栖息地价值评估的方法进行计算。首先，运用影子工程法将湿地公园视为一个大型动物园，基于其建设成立后关于湿地生态保护与修复等方面的投资总额度，根据价值工程廉价原则，以投资总额度 5%的年利息值估算湿地公园的栖息地价值；其次运用成果参照法引用 Costanza 等（1997）、谢高地等（2003）的研究成果，分别计算湿地公园的栖息地价值；最后，取三者平均值作为四川南河国家湿地公园的栖息地价值。

2）参数获取

四川南河国家湿地公园的栖息地价值主要体现在生物多样性维持与保育方面，价值评估时将其转化为湿地公园近年来在生物多样性维持与保育方面的投入成本，具体参数获取步骤及方法如下。

①投入成本参数获取：收集目前湿地公园在生物多样性保育方面的投入情况。四川南河湿地公园建设从 2006 年 3 月动土开工至今，历时近 10 年时间，经历了地方政府主动投入与自发建设阶段（2006 年 3 月至 2009 年 12 月）、国家湿地公园建设试点阶段（2009 年 12 月至 2013 年 10 月）和国家湿地公园正式授牌运营阶段（2013 年 10 月至今）三个时期。在生物多样性保护与保育方面：一是退耕 600 多亩，恢复了湖泊、水系、梯田等湿地生态系统与生态景观 40 多公顷；二是累计投资 3000 多万元，完成了 1 万多平方米的野生鸟岛及周边 300 万平方米浅水河滩地的生态修复，为湿地鸟类的生息繁衍营造了良好的生境；三是投资 1200 多万元完成了公园规划范围内的南河南岸水岸线的生态恢复，恢复生态河堤 3000 多米；四是结

合水毁重建投资 1600 多万元完成了万源河两岸的生态恢复和动植物栖息地环境建设；五是结合地震灾后重建投资 8000 多万元完成了清风木舍、叠水瀑布、亲水平台、柳廊亭、对望湖等主要生态功能区的生态恢复；六是依托公园"两河四湖两梯田"的自然生态格局，投资 2000 多万元完成了连接森林、梯田、湖泊、河流的 7 条生态小溪的生态恢复建设任务，形成了公园独具特色的"河河相连、湖湖相扣、河湖相通"的"网状湿地"以及森林、瀑布、梯田、小溪、湖泊、河流组成的"立体湿地"；七是投资 3000 多万元，正在通过项目实施完成公园"两河四湖两梯田"等亲水地带的水生植物景观的恢复、山地生态恢复和部分裸露山体的滑坡治理及生态恢复任务。统计结果显示，四川南河国家湿地公园建立至今（2015 年 3 月）共 9 年时间，为湿地公园的建设和生态环境保护与修复共计投资约 2.18 亿元。

②成果参数获取：Costanza 等关于全球湿地生态系统物种单位面积的湿地功能和自然资本价值的研究成果表明，湿地栖息地的单位面积价值为每年 304 美元/hm^2，折合人民币 1893.4336 元/hm^2（按 2015 年人民币对美元平均汇率 6.2284）；谢高地等关于中国单位面积湿地的生物多样性维持服务价值（包括授粉、生物控制、庇护地和遗传资源价值）的研究成果表明，湿地栖息地的单位面积价值为 2212.2 元/hm^2。

③湿地公园面积数据获取：四川南河国家湿地公园的总面积为 111 hm^2。

3）评估方法与计算公式

栖息地价值评估的方法采用影子工程法和成果参照法计算，其计算公式为

$$V_6=（T_v×5\%+T_c×A+T_x×A）/3 \qquad (8\text{-}18)$$

式中：V_6 为栖息地价值（元），T_v 为湿地公园建设成立以来关于湿地生态保护与修复等方面的投资总额度（元），T_c 为 Costanza 评估折算后的湿地栖息地单位面积价值（元/hm^2），T_x 为谢高地评估的湿地栖息地单位面积价值（元/hm^2），A 为湿地公园的面积（hm^2）。

4）评估结果

统计结果显示，四川南河国家湿地公园在生物多样性维持与保育方面的栖息地价值为 378.52 万元。

第二节
社会人文价值

1. 水源供给价值[①]

1）评估思路

水作为人类及一切生物赖以生存的必不可少的重要物质，是工农业生产、经济发展和环境改善不可替代的极为宝贵的自然资源。四川南河国家湿地公园作为广元市主城区的"城市海绵体"与"蓄水库"，其丰富的湿地类型蓄积了大量的生态水资源，为城区及周边居民生产生活供水需求作出了巨大贡献。

在四川南河国家湿地公园的水源供给价值评估量化过程中，采用市场价格法，根据居民生活用水现行价格，将湿地公园每年为城市居民提供的生产生活用水量转换为居民用水需求成本。

2）参数获取

四川南河国家湿地公园的水源供给价值主要体现在湿地公园为居民提供生产生活用水，其具体参数获取步骤与方法如下。

①流经湿地公园的南河蓄水量参数获取：南河作为嘉陵江的一级支流，其蓄水量与嘉陵江密切相关。根据水文记载，嘉陵江在广元境内全长 180 km，多年平均净流量为 191.4 m³/s，水量为 60.36 亿 m³，由此可计算出嘉陵江平均每千米水量为 0.34 亿 m³。根据湿地公园范围矢量数据，运用 arcgis 软件得到四川南河湿地公园范围内南河的长度约为 3.355 km，南河平均每公里水量用嘉陵江平均每公里水量代替。由此获得流经湿地公园的南河蓄水量。

②居民生活用水比例参数获取：根据市水务局、市统计局联合在市水务局门户网站发布的《广元市第一次全国水利普查公报》的统计，广元市

---

①四川南河国家湿地公园内的水资源利用主要以南河供给为主，其他系统的水资源主要来自经提灌系统从南河、万源河中抽取获得，在价值计算中，忽略其他水资源价值。

居民生活用水占全市用水量的比例为 12.5%。

③居民生活用水量参数获取：由流经湿地公园的南河蓄水量与居民生活用水比例的乘积得出为 1425.875 万 m³。

④居民生活用水现行价格参数获取：据资料收集统计，广元市居民生活用水现行价格为 1.46 元/m³。

3）评估方法与计算公式

水源供给价值的评估方法选取市场价格法，其计算公式为

$$V_7 = C \times L \times e \tag{8-19}$$

式中：V_7 为水源供给价值（元），C 为流经湿地公园的南河蓄水量（m³），L 为居民生活用水现行价格（元/m³），e 为居民生活用水比例（%）。

4）评估结果

统计结果显示，四川南河国家湿地公园内水源供给价值为 2081.78 万元。

2. 休闲娱乐价值

1）评估思路

休闲娱乐功能是指生态系统或者景观为人类提供观赏游憩的场所，是非物质的心理满足与精神享受。因此，休闲娱乐价值是一种无形的效益，属于一种特殊商品（无价格商品）。它一般以低廉的门票或不收门票的形式向公众发放福利，故不能以管理单位的收益作为休闲娱乐价值，否则将会大大低估其实际效益。

四川南河国家湿地公园作为一个开放的公益性城市湿地公园，对生态系统与景观休闲娱乐价值的评估量化是根据问卷调查访问，并采用旅行费用法进行估算。

2）参数获取

四川南河国家湿地公园休闲娱乐价值评估中，根据不同居民、游客等消费者的旅行费用支出情况进行估算，其具体参数获取步骤与方法如下。

①人均旅行费用支出参数获取：人均旅行费用支出包括消费者旅途中的交通费用、食宿费用、门票费用和服务费用等，由问卷访问调查得到，其人均旅行费用约为 100 元/（人·d）（见表 8-8）。

②人均旅游时间价值参数获取：人均旅游时间价值由人均停留时间和单位时间的机会工资成本乘积得到。

③ 人均停留时间参数获取：人均停留时间由问卷访问调查得到，约为 3 h（见表 8-8），并将停留时间按每天正常工作时间（8 h /d）转化为天数，约为 0.375 d。

④ 机会工资成本参数获取：游客机会工资成本一般为实际工资的 30%～50%（Willis et al.，1989），研究采用 40% 的打折率。

表 8-8　四川南河国家湿地公园游客旅行状况统计表

问卷项目	条件分类	比例/%
出行目的	休闲观光	62.35
	健身娱乐	31.76
	商务活动	0
	探亲访友	3.25
	其他	2.35
出行方式	汽车	13.10
	火车	2.38
	飞机	1.19
	步行	78.57
	其他	4.76
停留时间	小于 1 h	2.44
	1 h	13.41
	2 h	48.78
	3 h	24.39
	4 h	7.32
	5 h	3.66
旅行花费/元	小于 100	58.23
	100～300	12.66
	300～500	1.27
	500～1000	0
	1000 以上	0
	其他	27.85
旅游频次	一次	6.10
	每周	21.95
	经常来	71.95

⑤ 人均日工资参数获取：问卷访问调查统计显示，游客的年收入大部分在 3 万元/a 左右，按天计算，人均日工资约为 80 元/d（见表 8-9）。

表 8-9　四川南河国家湿地公园游客构成特征统计表

类别	结构特征	本地游客比例/%	外地游客比例/%	总计人数比例/%
年龄	20 岁以下	1.39	0.00	1.39
	21～30 岁	30.56	5.56	36.11
	31～40 岁	26.39	2.78	29.17
	41～50 岁	16.67	4.17	20.83
	51 岁以上	12.50	0.00	12.50
职业结构	教师	0.00	0.00	0.00
	公司职员	12.68	0.00	12.68
	公务员	15.49	1.41	16.90
	个体经营	9.86	5.63	15.49
	学生	1.41	0.00	1.41
	退休职员	7.04	0.00	7.04
	其他	40.85	5.63	46.48
教育程度	初中以下	8.57	1.43	10.00
	高中	32.86	2.86	35.71
	大专及本科	31.43	5.71	37.14
	本科以上	14.29	2.86	17.14
年收入/元	小于 1 万	24.64	0.00	24.64
	1 万～3 万	18.84	2.90	21.74
	3 万～5 万	27.54	4.35	31.88
	5 万～7 万	5.80	2.90	8.70
	7 万～9 万	7.25	1.45	8.70
	9 万以上	4.35	0.00	4.35

⑥ 消费者剩余参数获取：按生态系统休闲旅游价值的总消费者剩余约为其他各项费用支出的 10%计算。

⑦ 年接待游客数参数获取：据四川南河国家湿地公园管理处统计，湿地公园年接待游客数量为 800 万人。

3）评估方法与计算公式

休闲娱乐价值评估量化以消费者的需求函数为基础，采用旅行费用法

计算，其计算公式为

$$V_8=\sum V_i=V_1+V_2+V_3 \qquad (8\text{-}20)$$

式中：V_8 为休闲娱乐价值（元），V_1 为旅行费用支出（元），V_2 为旅游时间价值（元），V_3 为消费者剩余（元）。

式（8-23）可转化为：休闲娱乐价值=旅行费用支出+旅游时间价值+消费者剩余=年接待游客数×人均旅行费用+年接待游客数×人均停留时间×机会工资成本+(年接待游客数×人均旅行费用+年接待游客数×人均停留时间×机会工资成本)×10%=年接待游客数×（人均旅行费用+人均停留时间×机会工资成本）×110%。

4）评估结果

统计结果显示，四川南河国家湿地公园休闲娱乐价值为 98 560 万元。

3. 文化科研价值

1）评估思路

对于文化科研价值的量化往往都是利用科研投资来估算，或者关于科研、科普宣教等的实际花费来代替。对于四川南河国家湿地公园来说，运用上述方法具有一定的片面性。四川南河国家湿地公园具有典型的湿地特色（湿地多塘系统）、显著的城市地位（城市后花园）和重要的文化科学研究价值，所具有的开放性科研教育和科普功能，对于湿地环境保护和公民环境意识的提高具有重要作用，但湿地公园各方面的研究都还未进行深入开展，投入的经费较少，远远低于实际科研价值。湿地生态系统有着较高的生物多样性和较强的功能体系，这部分价值确实是不能忽略的，并且作为"自然-社会-经济"于一体的复合生态系统，其科研价值具有普遍性和重要研究意义。

四川南河国家湿地公园的文化科研价值主要包括宣传教育和科学研究两大功能的价值。其中，宣传教育功能价值评估量化采用影子价格法，主要根据湿地公园建设成立以来，在科普宣教方面的年均投入来衡量。科学研究价值在湿地公园中确实存在，但到目前为止，在科学研究中的投入远远不足以衡量湿地公园本身所具有的科研价值，其研究采用成果参照法，取我国单位面积湿地生态系统的平均科研价值和 Costanza 等人对全球湿地生态系统科研价值估算的平均值作为参考估算湿地公园的科研价值。

2）参数获取

四川南河国家湿地公园的文化科研价值主要包括宣传教育和科学研究两大功能的价值组成。文化科研价值具体参数获取与方法如下。

① 宣传教育功能资金投入参数获取：据四川南河国家湿地公园管理处初步统计，湿地公园自建立以来，在宣传教育方面的投资共计4000万元，年均投入约444.44万元。

② 科学研究价值参数获取：据陈仲新和张新时等人（2000）对我国湿地生态系统效益价值的估算，我国湿地生态系统的科研功能价值为382元/hm^2；Costanza等人对全球湿地生态系统科研价值估算为881美元/hm^2，折合人民币5487.22元/hm^2（按2015年人民币对美元平均汇率6.2284计算），取二者的平均值2934.61元/hm^2作为本研究的参考数据，根据湿地公园的总面积111 hm^2，估算科学研究价值为32.57万元。

3）评估方法与计算公式

采用影子工程法和成果参照法估算四川南河国家湿地公园的文化科研价值，其计算公式为

$$V_9 = V_c + V_r \tag{8-21}$$

式中：V_9为文化科研价值（元），V_c为宣传教育价值（元），V_r为科学研究价值（元）。

4）评估结果

统计结果显示，四川南河国家湿地公园的文化科研价值为477.01万元。其中宣传教育价值为444.44万元，科学研究价值为32.57万元。

4. 人居环境改善价值

1）评估思路

目前，关于人居环境改善价值的评估主要采用溢价租金法和溢价收益法进行估算。溢价租金法是假设将研究对象服务范围内的可利用土地建成住宅，这些住宅每年出租的租金要高于最优服务范围外的地区，其每年高出部分的租金，即可以理解为研究对象生态服务功能在人居环境方面体现的溢价。溢价收益法是假设将研究对象服务范围内的可利用土地建成住宅，并将其出售，其得到的一次性增值部分按照银行长期投资利率计算每年的收益，以此作为研究对象生态服务功能在人居环境方面体现的溢价。

四川南河国家湿地公园人居环境改善功能的价值评估是在基于公众参与的问卷调查、土地现状分析的基础上完成的。首先，通过问卷访问调查游客的居住愿意，了解居民选择居住湿地公园附近的缘由，提出认为影响湿地公园周边人居环境质量的主要因素。其次，初步确定湿地公园的人居环境改善的辐射半径，即在广元市利州区土地利用图上勾画出湿地公园的最优辐射路径及范围，利用 ARCGIS 软件测算出湿地公园辐射范围内的城市建设用地面积，并采用溢价收益法评估湿地公园的人居环境改善生态服务功能的价值。

2）参数获取

在四川南河国家湿地公园人居环境改善功能的价值评估过程中，主要涉及的参数指标包括湿地公园人居环境改善最优区划半径及面积、人居环境房价溢价等，具体参数获取步骤和方法如下。

①问卷调查参数：根据访问调查统计（见表 8-10），在居民选择四川南河国家湿地公园周边居住的意愿方面，选择愿意在湿地公园周边居住的居民达 97.56%。在居民选择居住的理由方面，57.38%的居民认为湿地公园空气清新、环境宜人，33.61%的居民认为居住于湿地公园周边可随时到公园休闲；5.74%的居民认为湿地公园周边有更多的商业机会，仅 2.46%和 0.28%的人认为仅仅是为了工作方便或其他缘由。在人居环境影响方面，24.54%的居民认为湿地公园的植物景观对人居环境影响最大，其次是环境卫生（22.22%）和空气质量（21.30%），湿地公园水质也是影响人居环境选择的一个重要因素，比例约为 18.06%，其他影响还包括自然野趣（7.87%）、建筑风格（3.24%）、科普展示（2.78%）。

表 8-10　四川南河国家湿地公园人居环境改善访问调查情况统计

类　　别	条件分类	比例/%
居住意愿	愿意居住	97.56
	不愿意居住	1.20
居住理由	方便公园休闲	33.61
	空气环境适宜	57.38
	增加商业机会	5.74
	工作方便	2.46
	其他	0.28
环境影响	水质	18.06
	空气质量	21.30

续表

类 别	条件分类	比例/%
	植物景观	24.54
	自然野趣	7.87
环境影响	建筑风格	3.24
	科普展示	2.78
	环境卫生	22.22

② 人居环境改善的辐射半径参数获取：美国国家休闲和公园协会（NRPA）设定了具体指标对公园的规划和建设进行指导，即市民到达最近公园绿地的距离不能超过 0.8 km（服务半径为 0.8 km）。我国现行的《城市绿地分类标准（CJJ/T 85—2002）》中，规定了居住区公园的服务半径为 0.5～1.0 km。王琨（2012）在关于城市公园绿地可达性研究中将其划分为 5 个等级，将时间小于 5 min 的作为可达性好，5～15 min 的为可达性较好，15～30 min 的为可达性一般，30～60 min 的为可达性差，大于 60 min 的为可达性很差（王琨，2012）。按人类正常行驶速度 5 km/h 计算，3～5 min 步行约 500 m。参照以上服务半径研究成果，四川南河国家湿地公园人居环境改善服务半径选取上述三者的平均值 680 m 作为湿地公园的最优辐射半径（见图 8-1）。

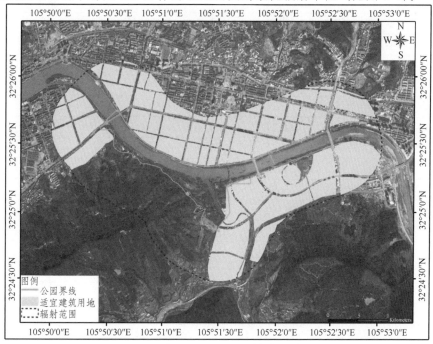

图 8-1 四川南河国家湿地公园人居环境改善辐射范围及适宜建筑用地（彩图见书后插图）

③ 湿地公园辐射范围内适宜建筑用地面积参数获取：参考《广元市中心城区用地规划 2010—2020》，在四川南河湿地公园边界外 680 m 辐射范围内，提取适宜建筑用地面积约为 401.98 hm²。

④ 人居环境房价溢价参数获取：通过腾讯房地产——广元市服务信息查询，统计四川南河国家湿地公园辐射范围内的房地产平均价格和广元市平均房价。据 2014 年 4 月至 2015 年 12 月数据统计显示，广元市平均房价为 4995.76 元/m²，湿地公园辐射范围内的平均房价约为 6764.11 元/m²。由此可算出湿地公园人居环境溢价为 1768.35 元/m²（见表 8-11）。

表 8-11 广元市及四川南河国家湿地公园辐射范围内主要房地产价格统计

时间/（年-月）	房地产价格/元·m⁻²		
	广元市	托斯卡纳·欧陆镇	英伦·优山郡
2014-04	5085	7100	6800
2014-05	5188	6500	6800
2014-06	4884	7100	—
2014-07	4777	6500	6800
2014-08	4749	6500	6800
2014-09	4672	—	6800
2014-10	4643	6500	—
2014-11	4741	—	6800
2014-12	4681	6500	6800
2015-01	4659	6500	6800
2015-02	4634	6500	6800
2015-03	4624	—	6800
2015-04	4981	—	—
2015-05	4952	6500	—
2015-06	5698	6500	—
2015-07	5382	6300	7800
2015-08	5019	—	—
2015-09	5334	6300	7800
2015-10	5286	—	—
2015-11	5207	—	—
2015-12	5715	—	—
平均	4995.76	6561.54	6966.67

注：数据来自腾讯房地产——广元市服务信息网。

⑤ 建筑容积率参数：参照广元市代表性房地产项目御锦湾（3.5）、金城华府（3.86）、华北星城（3.5）、开云世家二期（3.5）、皇都首府（2.36）的建筑容积率，选取平均值约为 3.3。

3）评估方法与计算公式

四川南河国家湿地公园的人居环境改善价值评估采用溢价收益法计算，其计算公式为

$$V_{10}=M \times p \times c \times k \tag{8-22}$$

式中：V_{10} 为人居环境价值（元），M 为湿地公园辐射区建设用地面积（m^2），p 为建筑容积率，c 为人居环境房价溢价（元/m^2），k 为投资收益率，按照 2014 年中国 10 年国债平均收益率取 4.32%。

4）评估结果

统计结果显示，四川南河国家湿地公园的人居环境改善价值为 101 337.54 万元。

第三节
未来潜在价值

未来潜在价值即环境经济学分类中的非使用价值，此价值是指评估对象所具有的既不能直接利用又不能间接利用的价值，主要包括存在价值、遗产价值和选择价值。因生态系统服务存在的特殊潜在功能决定了它不能采用一般的方法进行估算，到目前为止，世界上唯一认可的被许多专家采用的是条件价值法。条件价值法的具体操作步骤是通过采访，调查被采访对象对环境变化的预付值。采访方式可通过邮寄、电话、网络或问卷面谈的方式进行。

1）评估思路

在未来潜在价值评估过程中，关于存在价值、遗产价值和选择价值所使用的问卷基本相似，因此，价值评估分析过程中将其三者的评估思路、参数获取、评估方法与计算公式等内容合并在一起进行论述。四川南河国家湿地公园的未来潜在价值评估研究采用网络和问卷面谈相结合的方式进

行，具体评估思路如下。

① 通过网络和问卷访问调查，收集受访者环境意识、支付意愿等相关数据。

② 整理统计问卷调查数据，得出受访者支付意愿值分布频数及人均支付意愿值。

③ 对数据进行归一化处理，按比例分配未来潜在价值，得出存在价值、遗产价值和选择价值定量数据。

2）调查及统计过程

① 调查问卷设计。

问卷所获得的信息的价值，在很大程度上取决于问卷设计自身的科学性、全面性的程度。要提高问卷的价值，首先要科学地设计问卷。本研究问卷设计控制在 2000 字以内，问卷形式以开放式和封闭式相结合，问题数量控制在 30 个问题以内；调查问卷包括两部分内容，第一部分是对游客和广元市居民对四川南河国家湿地公园未来潜在价值支付意愿的调查，第二部分是调查样本人口统计学特征调查，包括被调查者的性别、年龄、职业、学历和年收入等。

调查问卷的编排技巧是先易后难，最后是敏感的个人信息（人口统计学特征）调查；涉及支付金额的答案选择项按金额顺序排列；题目设计按照顺序过滤，依据问题涉及的范围，按从宽到窄的顺序排列，前面广泛性的问题可以为后面范围较窄的问题作铺垫；穷举与互斥尽可能列出所有的答案选项或主要的答案选项，最后安排一个"××元以上"或者"其他"选项做补充；有限的答案选项之间不出现相互包含的关系；合理安排答案选项顺序，将有一定逻辑顺序或层次关系的答案选项，按层次、类别顺序排列同类层面的答案选项，注意顺位排列，尽量避免位于前面的选项占优势的情况发生；调查问卷的问题紧扣调查内容，简单易懂，使被调查者能够并愿意用中性态度回答提问，避免产生对被调查者的暗示或影响问句的语气和内容；表达尽量适合各个层次的被调查者，题量适当与被调查者的承受能力和调查时间相当。

② 问卷调查方式。

本研究在调查时首先强调研究的目的和用途、调查的匿名性和调查问题无标准答案，只要是个人真实意愿即可的原则，尽量打消被调查者迎合调查的倾向。目前已有的支付意愿的调查一般为传统的纸质问卷调查，本研究以纸质问卷调查为主，并开拓了辅助性的电子邮件调查，使调查方式和调查对象更加多样化；纸质问卷调查主要针对四川南河国家湿地公园内的游客进行，并选择游客休息的时间进行访问，以使被调查者有较充分的时间思考并乐于接受调查。另外，调查时间长短的控制对于减小调查结果的偏差非常重要，从心理学角度来说，时间长短应控制在让被调查者能够有充足试答和调整的经验，正式调查时将时间控制在 3～5 min。电子邮件调查设计可单击鼠标进行答案选择的电子邮件版本调查表，并申请了本研究的专用邮箱，发送电子调查表，并在专用邮箱进行回收。

　　本次调查共发放纸质问卷 100 份，收回 65 份，其中有效问卷 56 份。电子邮件调查收回 30 份，其中有效问卷 27 份。

　　③ 调查数据统计。

　　首先将反馈的有效问卷信息数字化，然后基于数据分析受访者的环境意识、未来潜在价值各组成部分（存在价值、遗产价值和选择价值）的重要性程度、受访者支付意愿及意愿值、受访者支付意愿值分解、受访者不愿意支付、受访者社会特征与支付意愿及意愿值的相关性等指标。

　　由于设计的支付意愿值间隔较大，如果采用算术平均值作为支付意愿的均值，会产生较大的误差，本研究采用线性插值法求得支付意愿的累计频度中位数，以此计算样本支付意愿值，最终通过实际愿意支付的人口数（城市总人口数乘以调查样本的支付率）与样本支付意愿的乘积求得四川南河国家湿地公园未来潜在价值的总支付值。

3）参数获取

　　① 受访者环境意识参数获取。

　　环境意识问卷调查主要包括受访者对四川南河国家湿地公园生态系统服务功能及价值的了解、受访者对保护四川南河国家湿地公园重要性程度的认识和受访者认为其生态系统非使用价值的重要性程度 3 个方面。

　　统计结果显示：24.10%的受访者表示非常了解四川南河国家湿地公园，了解该湿地公园的受访者占 49.40%，19.28%的受访者一般了解该湿地公园，只有 7.23% 的受访者不太了解该湿地公园，没有受访者从未听说过该湿地公园。受访者认为保护四川南河国家湿地公园非常重要的占 51.81%，45.78%的受访者认为重要，2.41%的受访者认为一般重要（见表 8-12）。

表 8-12　受访者对四川南河国家湿地公园环境意识统计表

问题系列	了解程度/重要性	人数/人	百分比/%
问题 1	非常了解	20	24.10
	了解	41	49.40
	一般	16	19.28
	不太了解	6	7.23
	没听说过	0	0.00
	小　计	83	100
问题 2	非常重要	43	51.81
	重要	38	45.78
	一般	2	2.41
	不重要	0	0.00
	完全不重要	0	0.00
	小　计	83	100

注：问题 1　湿地被誉为"地球之肺"，具有调节气候、涵养水源、维护
生物多样性等多种生态系统服务，您对此了解吗？
　　问题 2　您认为对四川南河国家湿地公园进行保护重要吗？

　　对受访者关于未来潜在价值中各组分认识统计结果显示，65.06%的受访者认为存在价值非常重要，26.51%的受访者认为存在价值重要，8.43%的受访者认为存在价值一般；49.40%的受访者认为遗产价值非常重要，36.14%的受访者认为遗产价值重要，14.46%的受访者认为遗产价值一般；42.17%的受访者认为选择价值非常重要，39.76%的受访者认为选择价值重要，16.87%的受访者认为选择价值一般，1.20%的受访者认为选择价值不重要。参照贺桂珍等（2007）应用条件价值评估法对无锡市五里湖综合评价中不同重要性程度赋分值：非常重要（4 分）、重要（3 分）、一般（2 分）、不重要（1 分）、完全不重要（0 分），计算得出四川南河国家湿地公园未来潜在价值三种组分的平均重要分值。结果显示：存在价值、遗产价值、选择价值的平均重要分值依次为 3.57、3.35 和 3.23，虽然分值差别不大，但是表明了受访者认为存在价值、遗产价值和选择价值的重要性程度依次降低（见表 8-13）。

表 8-13　四川南河国家湿地公园未来潜在价值各组分重要性频度分布及平均重要分值

重要程度	存在价值			遗产价值			选择价值		
	人数/人	比例/%	重要分值	人数/人	比例/%	重要分值	人数/人	比例/%	重要分值
非常重要	54	65.06		41	49.40		35	42.17	
重要	22	26.51		30	36.14		33	39.76	
一般	7	8.43	3.57	12	14.46	3.35	14	16.87	3.23
不重要	0	0		0	0		1	1.20	
完全不重要	0	0		0	0		0	0	
合计	83	100.00		83	100.00		83	100.00	

② 受访者支付意愿参数获取。

据有效调查问卷的支付意愿情况统计结果显示，受访者中对四川南河国家湿地公园未来潜在价值愿意支付一定费用的调查样本占有效调查问卷样本总数的 71.08%，支付意愿值主要集中在小于 50 元/a、50～100 元/a 和 100～400 元/a，三者样本数量分别占有效调查问卷中愿意支付问卷样本总数的 40.68%、44.07% 和 13.56%，其余均未超过 10%（见表 8-14），与中位累计频度 50% 最接近的是 41.68% 和 84.75%，分别对应小于 50 元/a 和 50～100 元/a 的支付意愿值，按照中值法取值分别为 25 元和 75 元，并采用线性插值法估算得到中位值 50% 对应的支付意愿值为 38 元/（人·a），即人均年支付意愿值。

表 8-14　受访者对四川南河国家湿地公园未来潜在价值的支付意愿频度分布情况

支付意愿值/元·a^{-1}	绝对频数/人	频度/%	累积频度/%
<50	24	40.68	40.68
50～100	26	44.07	84.75
100～400	8	13.56	98.31
400～800	1	1.69	100.00

③ 实际愿意支付人口数参数获取。

四川南河国家湿地公园是目前省内第一个集城市湿地、农耕湿地和文化湿地于一体的国家湿地公园，鉴于四川南河国家湿地公园开园时间较短，大多数外地人对南河湿地还不太了解，游客主要来自广元市境内，特别是广元市利州区及周边地区的游客较多。因此，在估算愿意支付的人口参数获取时，主要考虑广元市利州区的人口数量。

4）评估方法与计算公式

未来潜在价值评估量化采用条件价值法估算，即以调查问卷形式询问随机选择的部分个人一系列假设性的问题，基于假想市场，由消费者对环境等公共物品和服务的偏好引出其对一项环境质量损失的接受赔偿及接受赔偿值，以及对一项环境改善收益的支付意愿及支付意愿值，取二者的平均值乘以区域实际愿意支付的总人口数。其计算公式为

$$V_{11} = \overline{WTP} \cdot N \tag{8-23}$$

式中：V_{11} 为四川南河国家湿地公园未来潜在价值的总支付值（元），$\overline{WTP}$ 为人均支付意愿值（元·人$^{-1}$），N 为实际愿意支付人口数（人）。

5）评估结果

据 2015 年广元市《利州年鉴》统计数据和问卷调查统计结果显示，利州区年末（2014）户籍总人口 49.46 万，四川南河国家湿地公园问卷调查有效样本支付意愿率为 71.08%，以此评估计算得出四川南河国家湿地公园每年支付意愿值（未来潜在价值）为 1335.93 万元。对未来潜在价值的各单项价值意愿支付比例进行归一化处理（见表 8-15），按比例对未来潜在价值总支付值进行分解。结果表明，愿意支付的受访者对存在价值的支付比例最高为 554.91 万元，遗产价值次之，为 421.34 万元，选择价值最低，为 359.68 万元。

表 8-15　受访者支付意愿分布及总支付意愿分解

未来潜在价值	意愿分布/%	归一化处理/%	支付意愿分解/万元·a^{-1}
存在价值	65.06	41.54	554.91
遗产价值	49.40	31.54	421.34
选择价值	42.17	26.92	359.68

受访者社会特征与支付意愿相关性分析表明，支付意愿与受访者的社会特征有一定的相关性，受访者的学历对湿地公园的支付意愿有显著影响，而受访者的年龄、职业、收入对湿地公园的支付意愿均没有显著性影响。

第九章

四川南河国家湿地公园生态系统服务价值评价

第一节
生态系统服务价值构成现状

1. 总价值构成及评价

统计结果表明：四川南河国家湿地公园的生态系统服务总价值为 210 942.62 万元，单位面积价值量约为 1900.38 万元·hm^{-2}（见表 9-1）。

表 9-1　四川南河国家湿地公园生态系统服务价值清单

序号	价值分类	单项价值/万元	单位面积价值/万元·hm^{-2}	单项比例/%	总量比例/%
1	生态过程价值	7150.36	64.42	100.00	3.39
1）	气候调节	3369.67	30.36	47.13	1.60
2）	水源涵养	210.29	1.89	2.94	0.10
3）	植物净化	1106.14	9.97	15.47	0.52
4）	土壤保持	2.02	0.02	0.03	0.001
5）	固碳释氧	2083.72	18.77	29.14	0.99
6）	栖息地	378.52	3.41	5.29	0.18
2	社会人文价值	202 456.33	1823.93	100.00	95.98
1）	水源供给	2081.78	18.75	1.03	0.99
2）	休闲娱乐	98 560.00	887.93	48.68	46.72
3）	文化科研	477.01	4.30	0.24	0.23
4）	人居环境改善	101 337.54	912.95	50.05	48.04
3	未来潜在价值	1335.93	12.04	100.00	0.63
1）	存在价值	554.91	5.00	41.54	0.26
2）	遗产价值	421.34	3.80	31.54	0.20
3）	选择价值	359.68	3.24	26.92	0.17
	生态系统服务价值	210 942.62	1900.38	100.00	100.00

Costanza 研究表明：全球生态系统服务价值为 33 万亿美元，是全球 GDP 总量的 1.8 倍（Costanza，1997）；陈仲新等研究表明，中国的生态系统服务总价值为 77 834.48 亿元，是国民生产总值的 1.73 倍（陈仲新等，2000），这说明生态服务功能对人类生产与社会发展都有着重大的作用。2014 年，利州区国民生产总值为 194.10 亿元，四川南河国家湿地公园仅占利州区总面积的 0.07%，而其生态系统服务总价值却占国民生产总值的 10.87%，在国民生产总值中，湿地公园生态系统服务价值比较突出，可见其重要性。由此可见，湿地公园为广元市利州区（城区）的经济发展提供了基本的物质和环境条件，同时为区域经济的发展提供了强大的生态功能。

由图 9-1 可以看出，四川南河国家湿地公园的社会人文价值远远高于生态过程价值和未来潜在价值。其中，社会人文价值占了较大比重，约占湿地公园生态系统服务总价值的95.98%，生态过程价值和未来潜在价值仅占湿地公园总价值的3.39%和0.63%，其主要原因可归为：一方面，湿地公园位于广元市主城区，兼具了城市湿地公园所具有的重要功能，其主要服务在于丰富城市居民生活，改善城市生态环境，提高城区区域性生态环境质量。另一方面，湿地公园作为"城市海绵体"和"城市绿肾"，凸显出了城市湿地与自然湿地的区别，其生态系统服务不仅仅表现在自然湿地所具有的功能属性，更着重强调了城市湿地为人类生产生活及社会经济发展所提供的强大动力。综上原因分析，可归纳总结为社会人文价值的高低源于服务对象和范围的不同而造成，兼具城市性质的湿地公园生态系统服务以城市居民为主要对象，属于区域性服务，更强调社会功能（支持服务和文化服务）；而具有湿地属性的自然生态系统服务对象和范围通常都不太明确，属于泛域性服务，更强调生态功能（供给服务和调节服务）。

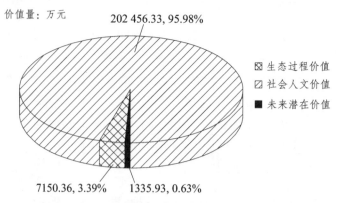

图 9-1　四川南河国家湿地公园生态系统服务价值构成及比例（彩图见书后插图）

四川南河国家湿地公园的生态过程价值和未来潜在价值虽小，但作为社会经济发展的重要基础和广元市生态城市建设及可持续发展的一个重要组成内容，在其价值评估中也是不可忽略的。

2. 单项价值构成及评价

四川南河国家湿地公园生态系统服务价值的构成和价值量排序（见图9-2），基本反映了湿地公园生态系统的特点：目前湿地公园的主要服务功能是休闲娱乐功能以及特殊的生态系统结构而具有的人居环境改善功能。因此，作为城市湿地公园其对满足居民休闲娱乐需求、改善城市人居环境、提升城市品位都有着极其重要的作用。

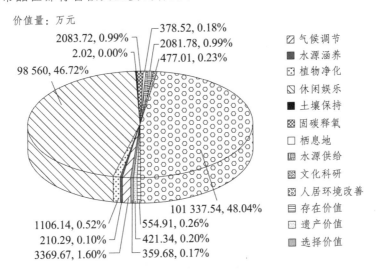

图9-2　四川南河国家湿地公园生态系统服务单项价值构成及比例（彩图见书后插图）

1）生态过程价值构成及评价

四川南河国家湿地公园的生态过程价值在总价值中的比重约为3.3.9%，主要体现在生态过程价值中的气候调节、固碳释氧的比重较高。其中，气候调节价值为3369.67万元，约占湿地公园总价值的1.60%，占生态服务价值总量的47.13%；固碳释氧价值为2083.72万元，约占湿地公园总价值的0.99%，占生态服务价值总量的29.14%（见表9-1、图9-3）。

从生态过程价值构成组分看，各项服务功能的价值大小顺序为：气候调节＞固碳释氧＞植物净化＞栖息地＞水源涵养＞土壤保持。四川南河国家湿地公园中较高的两项生态服务价值与人类福祉中的安全、健康以及维持高品质生活的基本物质密切相关。气候调节、固碳释氧作为"城市绿肾"的重要体现，在改善城市生态环境、提升城市品位、增强区域生态环境质量等方面发挥了重大作用，作为社会经济发展的重要基础，为社会经济效益的发挥作出了重要贡献。

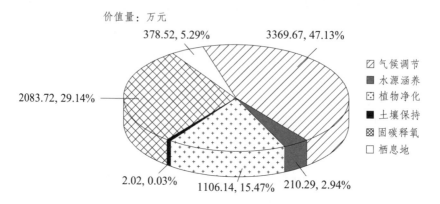

价值量：万元

图 9-3　四川南河国家湿地公园生态过程价值构成及比例（彩图见书后插图）

气候调节和固碳释氧功能的价值在生态过程价值构成中所占比例较高，达到 76.27%，而植物净化、栖息地、水源涵养、土壤保持 4 项指标的价值总和才占 23.73%，其主要原因在于：一方面，四川南河国家湿地公园处于区域—城市一体化的综合生态规划中，湿地公园的气候调节与固碳释氧功能在地域空间上具有可转移性，主要由湿地公园的绿地、水体及周边的自然-近自然景观提供；而植物净化、栖息地、水源涵养、土壤保持等生态功能具有不可转移性，是湿地公园必须靠自身解决的生态任务。因此，湿地公园生态系统在气候调节、固碳释氧方面的价值较高，在植物净化、栖息地、水源涵养、土壤保持等方面的生态服务功能价值较低是可以理解的。同时，相类似的生态系统服务价值评估也表明，固碳释氧和气候调节功能的价值占城市生态系统服务功能总价值（仅包括固碳释氧、调节气候、涵养水源、保持土壤功能、净化空气与减弱噪声功能）的 97.64%（彭建等，2005），这与本研究的观点是一致的。另一方面，也表明湿地公园的生态系统在上述方面提供的生态服务功能还有待进一步加强，尤其是随着城市机动车辆的不断增加，交通噪声与空气污染等逐步成为制约城市生态环境持续发展的核心问题之一，在城市生态系统管理中，应着重强调植物净化与水源涵养等功能的发挥与完善。

总体来讲，气候调节和固碳释氧功能是四川南河国家湿地公园生态系统服务功能中的重要功能是可以理解的，同时作为湿地公园生态环境可持续发展的其他生态功能也是不能忽略的。湿地公园在后期建设中，应进一步加强生态环境建设与监测，保持各生态功能平衡发展。

2）社会人文价值构成及评价

四川南河国家湿地公园生态系统的社会人文价值在总价值中的比重高达 95.98%，主要体现在社会人文价值中的休闲娱乐和人居环境改善价值的比重较高。其中，休闲娱乐价值 98 560.00 万元，约占湿地公园总价值的 46.72%，占社会人文价值总量的 48.68%；人居环境改善价值 101 337.54 万元，约占湿地公园总价值的 48.04%，占社会人文价值总量的 50.05%（见表 9-1、图 9-4）。

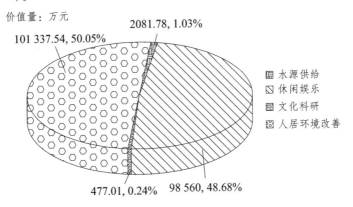

价值量：万元

2081.78, 1.03%

101 337.54, 50.05%

- ▦ 水源供给
- ▨ 休闲娱乐
- ▧ 文化科研
- ▩ 人居环境改善

477.01, 0.24% 98 560, 48.68%

图 9-4 四川南河国家湿地公园社会人文价值构成及比例（彩图见书后插图）

从社会人文价值构成看，各项服务功能的价值大小顺序为：人居环境改善＞休闲娱乐＞水源供给＞文化科研，这意味着人居环境改善功能和休闲娱乐功能是四川南河国家湿地公园的重要服务功能。四川南河国家湿地公园作为一个重要的城市湿地公园，人居环境改善带来的不只是一个或几个街区土地升值，同时也让人们在选择居住地时更看重周边的生态环境，更注重生活品质的提高，研究中将湿地公园有效辐射范围内的人居环境改善功能价值纳入社会经济价值中，这也是以往湿地生态系统服务价值评估中常被忽略的一项重要功能。

众多研究表明，一般湿地生态系统的休闲娱乐价值比例在 1%～10%之间（李建勇，2002；柳易林，2005；侯春良，2005），而四川南河国家湿地公园的休闲娱乐价值比例却高达 46.72%，其主要原因可能有以下两点：一方面，四川南河国家湿地公园中的湿地资源已有多年的人为干预历史，已不是国家生态保护区意义上的原始生态湿地，同时它又兼具了城市湿地公园的主要特性。从生态角度看，四川南河国家湿地公园也不适合纯粹的自然保护区模式，因为其面积较小，仅 111 hm²，这样小的范围，如果完全封闭保护起来，自我维持、自我循环的能力较弱，有成为生态"孤岛"的危险。因此，四川南河国家湿地公园作为湿地公园的模式进行开发利用和保护，对于公园生态系统服务功能来说，休闲娱乐功能价值占总价值的46.72%是可以理解的，也反映了城市湿地与自然湿地的区别。同时，相似类型的生态系统服务价值估算表明，休闲娱乐价值占总价值的60%左右（桓曼曼，2002；李建娜，2006），这与本研究的观点是一致的。另一方面，四川南河国家湿地公园的自然景观和人文景观资源丰富。从自然景观来说，有湿地田园、浅滩戏水、森林栈道、芳香花海、叠水瀑布、梅林听泉、观鸟憩心、四季画廊、绿色氧吧、川北民俗等；从人文景观来说，有女皇文化、民俗文化、餐饮文化等（张志国，2013），具备发展生态休闲的先天优势，而且由于所处的独特地理位置，为城市居民提供了休闲娱乐、游憩锻炼的理想去处。

总体来讲，休闲娱乐功能和人居环境改善功能是四川南河国家湿地公园的重要服务功能是可以理解的。同时其量化指标也反映了在城市湿地的服务功能中的休闲娱乐功能和人居环境改善功能的巨大价值。

3）未来潜在价值构成及评价

四川南河国家湿地公园生态系统的未来潜在价值在总价值中的比例虽小，仅为 0.63%，但这部分价值是湿地公园可持续发展的动力源泉，在价值评估中不可忽略。

从未来潜在价值构成看，各项服务功能的价值大小顺序为：存在价值＞遗产价值＞选择价值。其中，存在价值 554.91 万元，占湿地公园总价值的 0.26%，占未来潜在价值总量的 41.54%；遗产价值 421.34 万元，占湿地公园总价值的 0.20%，占未来潜在价值总量的 31.54%；选择价值 359.68 万元，占湿地公园总价值的 0.17%，占未来潜在价值总量的 26.92%（见表 9-1、图 9-5）。

从未来潜在价值的各组分构成比重看，虽然四川南河国家湿地公园的存在价值对未来可持续发展的重要性受到了居民的较高重视，居民对湿地公园的持续发展及延续给予了厚望，但其对湿地公园的选择价值认识不深，这使得我们应该引起重视，尤其对湿地公园价值的全面考量，不能只顾眼前利益与形势，发展单一价值而忽略了整体性。

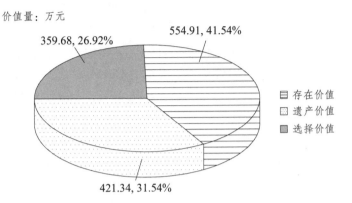

图 9-5　四川南河国家湿地公园未来潜在价值构成及比例（彩图见书后插图）

　　研究中对四川南河国家湿地公园生态系统未来潜在价值设置的问题对于非专业领域的普通大众来说，在短时间内仍然无法了解其内在含义，因此在回答问题时主观上容易理解偏差，影响估算结果的准确性。同时，条件价值评估研究中也存在其他偏差，比如策略性偏差，由于部分受访者对调查者存在警惕心理，故意隐瞒了自己的真实支付意愿。因此，调查过程中调查者强调支付意愿只是一种意向，并非真正意义上的支付过程，但难免还是存在一定的偏差。除了以上因素外，条件价值评估还存在假想偏差、信息偏差等，如何避免这些问题，还有待在今后的研究中深入探讨。

　　总体来说，四川南河国家湿地公园的未来潜在价值作为城市生态、文化、休闲和旅游功能的重要载体，将有利于提高居民生活质量、改善民生，并促进当地社会经济与生态环境的可持续发展。

第二节
生态系统服务价值研究成果对比

1. 与其他一般湿地研究对比

　　价值系数是指单位面积生态系统提供的各项服务功能的价值。研究参考若干学者的研究成果与四川南河国家湿地公园生态系统服务功能的价值系数进行对比分析（见表 9-2）。统计结果显示，四川南河国家湿地公园生态系统中的气候调节、固碳释氧、植物净化、栖息地、休闲娱乐功能的价值系数明显高于全球、中国以及其他区域，主要原因在于：第一，湿地公园地处亚热带湿润季风气候区，典型的地理区位、生态环境、气候条件等影响，导致其评估结果高于其他地区；第二，湿地公园生态系统服务价值评估是较小尺度上进行的，评估内容及过程精细，这也是导致其部分评估结果较高的主要原因；第三，湿地公园是集自然、社会、经济于一体的复合生态系统，而且同时兼具了城市生态系统的特性。与其他对象相比而言，湿地公园已不是一个纯粹的自然湿地及自然生态系统类型，在一定程度上，各项指标价值构成是受人类活动影响的结果，这也是造成部分指标价值较高的另一原因。

湿地生态系统服务价值评估的研究中，分类系统多以自然湿地为主，对人工湿地，尤其是水田（退耕梯田）的服务功能价值研究较少。在湿地生态系统服务功能的指标选取中，对受到社会、经济条件影响的指标选取较少，如人居环境改善价值、教育科研价值等，这些服务功能差异的干扰要大于生态系统本身存在的差异。此外，四川南河国家湿地公园社会人文价值中的休闲娱乐价值量要高于一般湿地生态系统，也说明了湿地公园生态系统的社会经济价值是不可忽视的。

表 9-2　四川南河国家湿地公园与一般湿地生态系统的价值评估系数对比统计

单位：万元·hm^{-2}

指标 对象	GR-CO	CR-CR	WS-WS	SF-SC	WT-PP	BM-PH	FP	RM	RC-LC	总计	资料来源
全球	0.11	3.77	3.17	—	3.42	0.25	—	—	1.21	11.92	Costanza et.al., 1997
全国	0.16	1.51	1.37	0.15	1.61	0.22	0.03	0.01	0.49	5.55	谢高地等, 2003
全国	0.16	—	—	0.00	—	—	—	—	—	0.16	欧阳志云等, 1999
全国	—	—	1.04	0.04	—	—	—	—	—	1.08	Costanza et.al., 1997
莽措湖	0.03	0.30	0.27	0.03	0.32	0.04	0.01	0.00	0.10	1.11	肖玉等, 2003
鄱阳湖	0.06	—	0.03	0.20	—	—	—	—	—	0.29	崔丽娟, 2004
长江口	—	—	0.07	—	0.16	0.13	—	—	0.22	0.59	吴玲玲等, 2003
湿地保护区	—	—	—	—	—	0.51	—	—	—	0.51	程鹏, 2006

续表

指标 对象	GR-CO	CR-CR	WS-WS	SF-SC	WT-PP	BM-PH	FP	RM	RC-LC	总计	资料来源
Modeling waters	—	—	0.27	—	—	—	—	—	—	0.27	Tilley et.al., 2006
De Widen	—	—	—	—	—	—	0.03	0.09	0.31	0.42	Hein et.al., 2006
水田	—	—	—	0.00	—	—	—	—	—	0.00	李加林等, 2005
四川南河	18.77	30.36	1.89	0.02	9.97	3.41	—	—	892.23	956.64	

注：GR-CO 指气体调节（固碳释氧），CR-CR 指气候调节（气候调节），WS-WS 指水源涵养（水源涵养），SF-SC 指土壤形成和保护（土壤保持），WT-PP 指废物处理（植物净化），BM-PH 指生物多样性维持（栖息地），FP 指食物生产，RM 指原材料，RC-LC 指娱乐文化（休闲娱乐和文化科研）。括号内表示四川南河国家湿地公园的评估指标，并与其他比较对象的指标内容上一一对应。

2. 与其他湿地公园研究对比

参照其他湿地公园生态系统服务价值系数的研究成果发现（见表 9-3），四川南河国家湿地公园的气候调节（蒸腾吸热）、净化降解（植物净化）、固碳释氧、栖息地、水源供给、文化科研、人居环境改善功能的价值系数明显高于其他湿地公园，其主要原因在于：一方面，湿地公园作为一个复合生态系统，在评估过程中，不仅仅只针对某个单一的生态系统进行评估，而将湿地、森林、绿地等都纳入了评估范围；另一方面，在具体评估指标估算过程中考虑更为全面，如净化功能不仅仅是净化水质，而且还包括净化空气、降解污染、提供负离子等；同时，评估过程及参数选取中更注重符合实际，如在栖息地、文化科研等功能评估中，考虑到了湿地公园的本身投入。

四川南河国家湿地公园的休闲娱乐功能的价值系数较一般湿地公园高，但低于杭州的湿地公园，这主要受湿地公园特殊的地理位置、生态环境及湿地公园知名度的影响较大。湿地公园位于城市主城区，这无疑更好地改善了城市生态环境，丰富了当地广大市民的业余生活，这是一般湿地公园无法比拟的；湿地公园建设成立较晚，更多的文化底蕴、历史由来等对于外地普通大众来说，尚不清晰明了，甚至一无所知，这是造成其休闲娱乐价值系数低于杭州的湿地公园的主要原因。

四川南河国家湿地公园的潜在价值系数较低，主要原因在于：一方面，价值估算过程是采用问卷访问，通过支付意愿的形式进行，未来潜在价值设置的问题对于非专业领域的普通大众来说，在短时间内仍然无法了解其内在含义，因此在回答问题时主观上容易理解偏差，影响估算结果的准确性。同时，条件价值评估研究中也存在其他偏差，比如策略性偏差，由于部分受访者对调查者存在警惕心理，故意隐瞒了自己的真实支付意愿。因此，调查过程中，调查者强调支付意愿只是一种意向，并非真正意义上的支付过程，但难免还是存在一定的偏差；另一方面，南河湿地公园游客多以本地市民为主，国内和国际游客量较少，在支付意愿值上受广元市当地居民收入水平的影响较大。

表 9-3　四川南河国家湿地公园与其他湿地公园的价值评估系数对比统计

单位：万元·hm^{-2}

指标	唐山南湖	南阳白河	泉州西湖	广西滨海	杭州西湖	武汉月湖	湖南东湖	湖南雪峰湖	四川南河
蒸腾吸热	—	—	—	—	21.70	21.80	0.15		30.36
水源涵养	—	1.31	—	1.32	12.80	4.70	11.36	21.41	1.89
净化降解	1.46	1.37	3.47	2.47	1.10	1.10	0.61	4.47	9.97
土壤保持	—	0.003					0.06	0.20	0.02
固碳释氧	0.02	0.03	0.11	0.32	—	0.10	0.18	—	18.77
栖息地	1.61	0.10	0.25	0.21	0.20	0.20	0.24	0.01	3.41
水源供给	—	—	0.21	—	—		3.00	—	18.75
休闲娱乐	0.25	1.01	0.48	0.49	11 449.10	51.70	0.98	0.49	887.93
文化科研	0.35	2.83	0.32		0.30	0.30	0.20	0.39	4.30
人居环境改善	—	11.79	—	—	255.93	—	—	—	912.95
存在价值	—	5.68	—	—	12.40	52.20			5.00
选择价值		0.63			11.10	23.50			3.24
遗产价值					5.60	37.10			3.80
资料来源	赵美玲等，2008	金阳，2014	张寒月等，2011	王广军等，2014	徐洪，2013	徐洪，2013	黄新民等，2007	姚跃明等，2015	

第十章

四川南河国家湿地公园可持续发展与未来展望

经济的可持续发展以自然生态系统的可持续发展为基础，为了使湿地资源环境可持续利用就必须使生态系统具有可持续性。四川南河国家湿地公园因其特殊的地理位置，分布着丰富的湿地资源及人文景观，为城市居民提供了多种生态系统服务功能。目前，生态过程价值 7150.36 万元，社会人文价值 202 456.33 万元，未来潜在价值 1335.93 万元，提供的生态系统服务总价值高达 210 942.62 万元，表明湿地公园在发挥着巨大生态效益的同时，还兼具了显著的社会效益和经济效益，对地区社会经济发展起着不可替代的作用。因此，必须采取各种手段对湿地公园的生态环境加以合理利用和科学保护，最大限度地发挥湿地公园的生态功能。

第一节
可持续发展前景

1）"一带一路"的重要节点

广元市地处是四川的北大门，古称"利州"，素有"女皇故里""蜀北重镇"及"巴蜀金三角"之称，它是中国西部唯一拥有高速铁路与高速公路双×线的城市，是成都、重庆、西安、兰州四大城市交通线的综合枢纽，是连接西南西北的商贸物流中心，是川东北经济区的重要组成部分，南连成渝经济区，北邻关中-天水经济区，处于两江新区、天府新区、西咸新区、贵安新区和兰州新区的中心地带。京昆高速绵广段是国家"一带一路"和长江经济带重要连接点（经西安连接北方丝绸之路，经泸州分别连接南方陆上丝绸之路和海上丝绸之路，经嘉陵江、重庆连接长江经济带），也是四川"成绵乐发展带""川东北经济区"重要门户。嘉陵江水运直达重庆、上

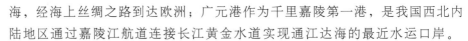

海，经海上丝绸之路到达欧洲；广元港作为千里嘉陵第一港，是我国西北内陆地区通过嘉陵江航道连接长江黄金水道实现通江达海的最近水运口岸。

2015 年是第十二个五年规划的最后一年，也是第十三个五年规划（2016—2020 年）的编制之年。中国目前正处在经济、社会、国民生活方式和思维意识大变革时期，这决定了四川南河国家湿地公园的发展态势必须适应新形势，以新的视角和新的思路来运筹未来的发展。广元市城市总体规划（2010—2020 年）中把皇泽寺作为整个城市的标志点，把凤凰楼作为中心片区的标志点，南河组团其娱乐景观建筑即是该区的地标。四川南河国家湿地公园的可持续发展将在把握自身生态系统服务功能和价值的基础上，紧跟"一带一路"战略，准确定位，做好"互联网+旅游"文章，实现与广元市城市发展的深度衔接，促进生态文明建设，把南河湿地公园打造成广元市城市节点地标，最大化发挥该公园在提升城市形象、实现"一带一路"目标中的重要作用。

四川南河国家湿地公园位于广元市的中心城区，并依托嘉陵江一级支流南河和万源河两条水系，在改善广元城市生态环境质量、提升人居环境和健康等方面具有重要价值，这将有利于广元市在国家"一带一路"战略中发挥通道经济、产业发展、洼地机遇方面的潜在优势。

2）嘉陵江上游的重要屏障

嘉陵江是长江水系中的重要支流，是长江流域重要的生态安全流域。广元在嘉陵江上游，是长江上游生态屏障建设的核心区，也是长江经济带的重要组成部分。

广元市委书记王菲在十二届全国人大四次会议上建议：进一步加大嘉陵江上游国家生态屏障和国家生态文明建设示范区的主体功能定位，与长江经济带绿色发展有机衔接，确保全流域的安全；建议国家出台嘉陵江上游生态保护和污染防治规划，统筹协调川、陕、甘、渝四省市实现全流域保护，并加大中央资金投入力度；建议加大对嘉陵江上游生态转移支付支持力度，实现重要生态功能区域生态转移支付全覆盖，建议下游发达地区对上游贫困地区生态补偿机制，确保嘉陵江流域水生态的安全，为长江水生态安全作出重要贡献等。

四川南河国家湿地公园作为嘉陵江上游首个且目前唯一的国家级湿地公园，在其生态屏障建设中已发挥重要作用，良好的生态环境和丰富的森林资源为广元市创建嘉陵江上游生态屏障增添了独特的魅力和潜在的发展优势，随着新一轮的嘉陵江上游国家生态屏障和国家生态文明建设、长江经济带发展、流域生态安全建设等，湿地公园将迎来前所未有的发展机遇。

3）"生态立市"的重要需求

2010年市委五届十二次全会提出建设川陕甘结合部经济文化生态强市，再到2012年市委六届七次全会把"生态立市"纳入全市总体发展思路，广元市始终把生态建设和环境保护放在优先位置。所谓"生态立市"就是以生态价值为支撑点，拓展经济社会发展的更大领域和空间，谋划城市化和优势产业发展新布局。目前，随着城市化的发展，城市环境质量开始受到关注，如何有效调节城市热岛效应、净化空气、改善区域气候等成为提升居民城市生活满意度的关键。而四川南河国家湿地公园起着桥梁的作用，它联系着自然环境和城市之间的关系，湿地公园发挥自身的生态服务功能，对促进城市健康、可持续发展发挥重要作用。另外，广元市努力把四川南河国家湿地公园建设为点缀地方性的节点地标，有利于形成生态保障、适于人居、内涵丰富、形象鲜明的城市整体景观形象。

四川南河国家湿地公园的建设在尽量不破坏湿地自然栖息地的基础上建设了不同类型的辅助设施，实现了自然资源的合理开发和生态环境的改善，优化了城市生态用地和城市生命支持系统结构。湿地公园生态系统为人类社会提供了多种服务和产品，是人类的重要福祉和经济、社会发展的重要支撑。通过湿地生态系统的调整和保护，能缓冲城市硬质量景观的压力，满足人们亲近、回归自然的需求，为社会民众提供了亲近、感受、体验自然的场所。同时，湿地公园营造出的融合自然、景观、园林的绿色空间，将生态保护、生态旅游、环境教育以及景观地产的功能有机结合起来，具有了生态、观赏、游憩、教育、文化以及人居等多种功能，能最终体现人与自然和谐共处的境界。

第二节
可持续发展策略

1）空间范围拓展策略

随着城镇化的不断加剧，四川南河国家湿地公园的生态功能与社会功能差距将越来越大，并对湿地公园的可持续发展带来一定的压力。为了湿地公园生态系统可持续发展和湿地资源可持续利用，必须使湿地公园的生态环境容量及经济效益达到平衡。

目前，四川南河国家湿地公园面积仅 111 hm^2，年服务人数达 800 万人次·a^{-1}，湿地公园建设对提高经济增长、提高公园周边地区地价、提高城市形象、增强城市竞争力等方面都发挥直接或间接的潜在推动作用，如此小的面积规模将使湿地公园建设面临着多重选择的困境。从代际平衡角度出发，湿地公园如果选择其他经济建设项目，当代人可以获得更多利益，对后代人则意味着日益稀缺的自然资源和环境条件又减少了；如果选择湿地公园建设，对于后代人，不仅保留了一块稀缺的自然环境，而且前代人投资恢复、建设的湿地为他们保留了多样性的生态环境类型。

兼顾代际利益最大化原则的最优化选择，湿地公园可持续发展的首要战略则需考虑其发展空间，其空间范围拓展的大致思路为：建议将南河湿地公园扩展至以西至蜀门南路大桥、以东至万源大桥的水域及周边河岸绿道将纳入公园范围，其中包括凤台宾馆所在的河心岛屿、水上公园、东晟公园以及目前南河湿地公园，串联南河广场、利州琴台广场等滨河两岸的绿地休闲小广场。此外，根据南河湿地公园服务价值评估发现，湿地公园植物生物量对公园生态系统服务功能中的生态环境价值影响至关重要，建议将湿地公园发展向南山森林公园延伸，以此来提升南河湿地公园的生态环境价值。

2）景观文化提升策略

四川南河国家湿地公园应注重"典型性"与"代表性"的提升。湿地公园生态系统价值评估中，休闲娱乐价值量较大且游客对其关注度高，占到总价值量的 48.68%。尽管价值量较一般湿地较高，但与杭州西湖湿地公园相比，其价值量还有待提高。

湿地公园所具有的"典型性"是吸引游客的主要手段，而提升吸引力的关键也必须从公众的需求入手。尽管南河湿地公园每年的服务人群数量多，但游客体验和娱乐项目少。在湿地公园设计中融入游客戏水空间、观赏园内栖息的动物空间，提升项目趣味性，增强游客的参与性、体验性。

"代表性"是湿地公园的灵魂，在访问调查中发现，南河湿地公园在此方面不足，人文元素内涵缺乏，使得南河湿地公园在四川湿地公园中的代表性不强。针对广元市作为"女皇故里"这一形象鲜明，但文化载体不突出的问题，建议将南河水系的滨河南、北两岸的带状公园统一打造，与广元市嘉陵历史城区联动，做实女皇文化和湿地文化的内涵，借助广元"女儿节"，提升湿地公园的文化品质。

3）内部结构调整策略

植物景观是南河湿地公园的重要部分，是决定公园景观质量的关键，也是野生动物、鸟类等生物的繁殖、栖息场所。南河湿地公园植物群落的物种和组成应与湿地生境的自然演替过程以及顶级群落的发展相符合，以便有效地促进并加速其恢复过程。在植物种类上，应该扩大常绿乔木的应用，提高公园内常绿植物的均匀分布、数量和物种丰富度。同时，提高灌木种类应用的多样性，增大落叶灌木的种类和数量比例，体现中层植物景观的景观变化。

在植物配置时，可重点发展三种配置模式：一是节约型配置，引进适应性强、价格低的乡土树种，并注重乔灌草的配置，营造出多单元、多层次、多景观的生态型植物群落。二是保健型配置；植物群落构建方法要结合植物的固碳释氧、蒸腾作用、吸收污染物等指标，选出具有保健功能的植物搭配方式。三是观赏性配置；在配置中讲究春花、夏叶、秋实、冬干的季相变化特色，南河湿地公园内秋、冬季节乔木开花植物种类较少，花色单一，应适量增加秋冬季节观果、色、叶植物的种类及数量，均化分布，以达到彩化、美化的效果。

适当引种国家一、二级保护的稀有或濒危植物，建立珍稀植物专类园，提高湿地公园的观赏功能和物种保护价值。

4）生态系统保护策略

在以湿地生态系统为主、多种生态系统（如森林生态系统等）相结合的基础上，通过科学规划和区域调控，逐渐形成自然的湿地风貌，以良好的生态环境吸引水禽及其他野生动物，展示具有地域特色的湖泊、河流、梯田等湿地生态系统。生态系统保护主要措施如下：首先水环境上要确保去除水质、土壤污染等干扰因素，保护湿地水域、陆域环境的完整性、连续性，避免过度分割造成湿地环境退化，提升湿地水源的活力；其次，注重护岸区域的保护，即湿地生态系统与陆地生态系统之间的过渡地带形成的独特线性空间，可通过种植湿生植物，加强动植物生境营造、自然调节功能，同时达到美化湿地岸线的功能。同时，在视觉效果上形成自然和谐而又富有生机的景观。再次，保护湿地的生物多样性；在植物种类的选择与配置时要考虑植物群落对目标动物的吸引力，保持湿地生态系统与周边自然环境的连续和畅通，为野生动物营造走廊保护区的同时，也提升了区域内的空间价值。

5）动态监测完善策略

四川南河湿地公园地处秦岭南坡，是嘉陵江上游的重要生态屏障，又是重要的城市湿地生态系统，直接关乎城市环境质量和生态安全。这种特殊的地理区位和生态系统的重要性、敏感性尤其值得进行准确监测和科学研究。建立生态系统监测站，就是通过长期的观测，用科学、连续的精确数据，来动态观测并科学阐明湿地生态环境的变化，通过对南河湿地公园动植物、水文、气象、土壤、碳汇等生态系统的动态监测，能更加科学地指导南河湿地公园生态资源培育、保护和有效利用工作。通过拟建秦岭南坡湿地生态系统定位监测站，将进一步提高湿地公园的示范性和技术推广应用性。

6）科普宣教优化策略

湿地公园与城市的密切联系，使其所发挥的生态服务功能比远离城市的自然湿地显得更为重要。南河湿地公园生态系统服务价值高，游客和周边居民都能从湿地公园生态系统中获益，但这种以货币化的形式直观体现为人类服务价值的评估结果，需要借助电视、图书、期刊、报纸、网络等媒介予以宣传，以及建立相应的门户网站，能有效帮助公众提高环保意识。此外，湿地公园还可通过科普教育、实习活动等方式与公众建立交流平台。通过增加科研资金的投入和校企合作等形式，开展深层次的研究，提高对湿地的认识和保护水平。

参考文献

[1] ALFSEN K H, GREAKER M. From natural resources and environmental accounting to construction of indicators for sustainable development[J]. Ecological Economics, 2007, 61 （4）: 600-610.

[2] ASSESSMENT M E. Ecosystem and human well-being: biodiversity synthesis[J]. World Resources Institute, Washington, DC, 2005.

[3] BARBIER E B, ACREMAN M, KNOWLER D. Economic valuation of wetlands: a guide for policy makers and planners[C]. Gland: Ramsar Convention Bureau, 1997.

[4] BARTELMUS P. SEEA-2003: Accounting for sustainable development?[J]. Ecological Economics, 2007, 61 （4）: 613-616.

[5] BERGH J C J M, BARENDREGT A, GILBERT A J. Spatial ecological-economic analysis for wetland management: Modelling and scenario evaluation of land use[M]. Cambridge University Press, 2004.

[6] BOYD J. Nonmarket benefits of nature: What should be counted in green GDP?[J]. Ecological economics, 2007, 61 （4）: 716-723.

[7] BRINSON M M. A hydrogeomorphic classification for wetlands[R]. East Carolina University Greenville NC, 1993.

[8] BROWN M T, MARTÍNez A, UCHE J. Emergy analysis applied to the estimation of the recovery of costs for water services under the European Water Framework Directive[J]. Ecological Modelling, 2010, 221 （17）: 2123-2132.

[9] Canada Committee on Ecological （Biophysical） Land Classification. National Wetlands Working Group. The Canadian wetland classification system[M]. Wetlands Research Branch, University of Waterloo, 1997.

[10] CHRISTIE M, FAZEY I, COOPER R, et al. An evaluation of monetary and non-monetary techniques for assessing the importance of biodiversity

and ecosystem services to people in countries with developing economies[J]. Ecological economics, 2012, 83: 67-78.

[11] CJJ/T82—2012, 园林绿化工程施工及验收规范[S].

[12] COSTANZA R, D'ARGE R, De GROOT R, et al. The value of the world's ecosystem services and natural capital[J]. Nature, 1997, (387): 253-260.

[13] COWARDIN L M, CARTER V, GOLET F C, et al. Classification of wetlands and deepwater habitats of the United States[M]. Washington, DC, USA: Fish and Wildlife Service, US Department of the Interior, 1979.

[14] DAILY G. Nature's services: societal dependence on natural ecosystems[M]. Island Press, 1997.

[15] DB11/T212—2003, 城市园林绿化工程施工及验收规范[S].

[16] DE GROOT R S, WILSON M A, BOUMANS R M J. A typology for the classification, description and valuation of ecosystem functions, goods and services[J]. Ecological economics, 2002, 41 (3): 393-408.

[17] DE GROOT R, BRANDER L, VAN DER PLOEG S, et al. Global estimates of the value of ecosystems and their services in monetary units[J]. Ecosystem services, 2012, 1 (1): 50-61.

[18] DECLARATION R. Rio declaration on environment and development[J]. 1992.

[19] DIETZ S, NEUMAYER E. Weak and strong sustainability in the SEEA: Concepts and measurement[J]. Ecological economics, 2007, 61 (4): 617-626.

[20] EHRENFELD J G. Evaluating wetlands within an urban context[J]. Ecological Engineering, 2000, 15 (3): 253-265.

[21] FINLAYSON C M, VAN DER VALK A. Classification and Inventory of the World's Wetlands[M]. Springer Science & Business Media, 2012.

[22] GLOOSCHENKO W A, TARNOCAI C, ZOLTAI S, et al. Wetlands of Canada and Greenland[M]//Wetlands of the world: Inventory, ecology and management Volume I. Springer Netherlands, 1993: 415-514.

[23] HEIN L, VAN KOPPEN K, DE GROOT R S, et al. Spatial scales, stakeholders and the valuation of ecosystem services[J]. Ecological economics, 2006, 57 (2): 209-228.

[24] HENRY C P, AMOROS C. Restoration ecology of riverine wetlands: I. A scientific base[J]. Environmental management, 1995, 19 (6): 891-902.

[25] HOLDREN J P, EHRLICH P R. Human Population and the Global Environment: Population growth, rising per capita material consumption, and disruptive technologies have made civilization a global ecological force[J]. American scientist, 1974, 62 (3): 282-292.

[26] IBARRA A A, ZAMBRANO L, VALIENTE E L, et al. Enhancing the potential value of environmental services in urban wetlands: An agro-ecosystem approach[J]. Cities, 2013, 31: 438-443.

[27] KILLMANN W. Proceedings: Expert meeting on harmonizing forest-related definitions for use by various stakeholders, Rome, Italy, 23-25 January 2002[C]//Proceedings: Expert meeting on harmonizing forest-related definitions for use by various stakeholders, Rome, Italy, 23-25 January 2002. Food and Agriculture Organization of the United Nations (FAO), 2002.

[28] KNOX J B. Man's impact on his global environment[R]. California Univ., Livermore (USA). Lawrence Livermore Lab., 1976.

[29] KOSZ M. Valuing riverside wetlands: the case of the "Donau-Auen" national park[J]. Ecological Economics, 1996, 16 (2): 109-127.

[30] LAINE J. Peatlands and their utilization in Finland[M]. Finnish Peatland Society (Suoseura), 1982.

[31] LARSON J S, MAZZARESE D B. Rapid assessment of wetlands: history and application to management[J]. Global Wetlands. Elsevier Science Publishers, Amsterdam, 1994: 625-636.

[32] LEWIS W M. Wetlands: characteristics and boundaries[M]. Natl Academy Pr, 1995.

[33] MA (Millennium Ecosystem Assessment). Millennium ecosystem assessment: frameworks[M]. Washington D C: World Resources Institute, 2001.

[34] MALTBY E, HOGAN D V, IMMIRZI C P, et al. Building a new approach to the investigation and assessment of wetland ecosystem functioning[J]. Global Wetlands: old world and new», Mitch, WJ (ed), Elsevier (Amsterdam), 1994: 637-658.

[35] MALTBY E. Functional assessment of wetlands: Towards evaluation of

ecosystem services[M]. Elsevier, 2009.

[36] MCNEELY J A. Economic incentives for conserving biodiversity: lessons for Africa[J]. Ambio, 1993: 144-150.

[37] MERY G, ALFRO R, KANNINEN M, et al. Forests in the Global Balance- Changing Conservation Paradigms[J]. International Union of Forest Research Organisations, Vienna, 2005.

[38] MITSCH W J, GOSSELINK J G. The value of wetlands: importance of scale and landscape setting[J]. Ecological economics, 2000, 35 (1): 25-33.

[39] MITSCH W J, GOSSELINK J G. Wetlands[M]. New York: Van Nostrand Reinhold Co, 2000.

[40] ODUM E P, BARRETT G W. Fundamentals of ecology[M]. Philadelphia: Saunders, 1971.

[41] PEARCE D W. Blueprint 4: capturing global environmental value[M]. Routledge, 2014.

[42] PERT P L, BUTLER J R A, BRODIE J E, et al. A catchment-based approach to mapping hydrological ecosystem services using riparian habitat: a case study from the Wet Tropics, Australia[J]. Ecological Complexity, 2010, 7 (3): 378-388.

[43] POSTHUMUS H, ROUQUETTE J R, MORRIS J, et al. A framework for the assessment of ecosystem goods and services: a case study on lowland floodplains in England[J]. Ecological Economics, 2010, 69 (7): 1510-1523.

[44] RUBEC C D A. Wetlands of Canada[M]. Polyscience Publications Inc., 1988.

[45] SANDER H A, HAIGHT R G. Estimating the economic value of cultural ecosystem services in an urbanizing area using hedonic pricing[J].Journal of environmental management, 2012, 113: 194-205.

[46] SCHUYT K D. Economic consequences of wetland degradation for local populations in Africa[J]. Ecological economics, 2005, 53 (2): 177-190.

[47] SUTTIE J M, REYNOLDS S G, BATELLO C. Grasslands of the World[M]. Food & Agriculture Org., 2005.

[48] TANSLEY A G. The use and abuse of vegetational concepts and terms[J].

Ecology, 1935, 16 (3): 284-307.

[49] TIETENBERG T H, LEWIS L. Environmental and natural resource economics[M]. Reading, MA: Addison-Wesley, 2000.

[50] TILLEY D R, BROWN M T. Dynamic emergy accounting for assessing the environmental benefits of subtropical wetland stormwater management systems[J]. Ecological Modelling, 2006, 192 (3): 327-361.

[51] TURNER K. Economics and wetland management[J]. Ambio, 1991: 59-63.

[52] TURNER R K, VAN DEN BERGH J C J M, Brouwer R. Managing wetlands : an ecological economics approach[M] . Edward Elgar Publishing, 2003.

[53] TURNER R K, VAN DEN BERGH J C J M, Söderqvist T, et al. Ecological-economic analysis of wetlands : scientific integration for management and policy[J]. Ecological Economics, 2000, 35 (1): 7-23.

[54] WILLIS K G, BENSON J F. Recreational values of forests[J]. Forestry, 1989, 62 (2): 93-110.

[55] WILSON M A, CARPENTER S R. Economic valuation of freshwater ecosystem services in the United States: 1971-1997[J]. Ecological applications, 1999, 9 (3): 772-783.

[56] YOUNG R A, GRAY S L. Economic Value of Water: Concepts and Empirical Estimates; Final Report to the National Water Committee[M]. National Technical Information Service.

[57] YOUNG R A, GRAY S L. The economic value of water: Concepts and empirical estimates[J]. 1972.

[58] Bingham G, Bishop R, Brody M, et al. Issues in ecosystem valuation: improving information for decision making[J]. Ecological economics, 1995, 14 (2) : 73-90.

[59] CHEE Y E. An ecological perspective on the valuation of ecosystem services[J]. Biological conservation, 2004, 120 (4): 549-565.

[60] DAILY G C, SÖDERQVIST T, ANIYAR S, et al. The value of nature and the nature of value[J]. Science, 2000, 289 (5478): 395-396.

[61] DALY H E, COBB J B. For the common good: Redirecting the economy toward community, the environment and a sustainable future[M]. Boston:

Beacon Press, 1989.

[62] ELLIS G M, FISHER A C. Valuing the environment as input[J]. Journal of Environmental Management, 1987,（25）：149-156.

[63] FARBER S C, COSTANZA R, WILSON M A. Economic and ecological concepts for valuing ecosystem services[J]. Ecological economics, 2002, 41（3）：375-392.

[64] GREGORY R, LEWIS J W. Identifying environmental values[M]//Tools to aid environmental decision making. Springer New York, 1999：32-61.

[65] HOWARTH R B, FARBER S. Accounting for the value of ecosystem services[J]. Ecological Economics, 2002, 41（3）：421-429.

[66] IUCN Word Commission on Protected Areas. Guidelines for planning and Managing Mountain protected Areas[Z]. Glande: IUCN, 2004.

[67] Jansson A M, Hammer M, Folke C, et al. Investing in natural capital[A]// The ecological economics approach to sustainability[M]. Washing DC: Island Press,1994.

[68] ODUM H T. Emergy in ecosystems in Polunin,（Ed.），environmental monographs and symposia[M]. NewYork: John wiley, 1986.

[69] PEARCED. Cost benefit analysis and environmental policy[J]. Oxford review of economic policy, 1998, 14（4）：84-100.

[70] RANDALL A. Benefit cost considerations should be decisive when there is nothing more important at stake[M]. Blackwell Publishing, Oxford, 2002.

[71] RAPPORTD J, Gaudet C, Karr J R, et al. Evaluating landscape health: integrating societal goals and biophysical process[J]. Journal of environmental management, 1998, 53（1）：1-15.

[72] SPASH C L. The concerted action on environmental valuation in Europe （EVE）：an introduction[M]. Cambridge Research for the Environment, 2000.

[73] UNEP. Guidelines for the preparations of country studies on costs, benefits and unmet needs of biological diversity conservation within the framework of the planned convention on biological diversity[R]. Niobe, United National Environmental Program, 1991.

[74] Wilson M A, Howarth R B. Discourse-based valuation of ecosystem

services: establishing fair outcomes through group deliberation[J]. Ecological economics, 2002, 41（3）：431-443.

[75] 曾贤刚译. 资源与环境价值评估：理论与方法[M]. 北京：中国人民大学出版社，2002.

[76] 潮洛蒙，俞孔坚. 城市湿地的合理开发与利用对策[J]. 中国建设信息，2005（03S）：9-12.

[77] 陈春阳，陶泽兴，王焕炯，等. 三江源地区草地生态系统服务价值评估[J]. 地理科学进展，2012，31（7）：978-984.

[78] 陈克林，孟宪民. 湿地国际介绍[J]. 野生动物，1997（1）：001.

[79] 陈克林. 湿地公园建设管理问题的探讨[J]. 湿地科学，2005，3（4）：298-301.

[80] 陈克林.《拉姆萨尔公约》——《湿地公约》介绍[J]. 生物多样性，1995（02）：119.

[81] 陈鹏. 厦门湿地生态系统服务功能价值评估[J]. 湿地科学，2006，4（2）：101-107.

[82] 陈阳，张建军，杜国明，等. 三江平原北部生态系统服务价值的时空演变研究[J]. 生态学报，2015，35（18）：6157-6164.

[83] 陈仲新，张新时. 中国生态系统效益的价值[J]. 科学通报，2000，45（1）：17-22.

[84] 成克武，张铁民，等.唐山南湖湿地公园生物多样性及生态规划[M].北京：中国林业出版社，2010.

[85] 池永宽，熊康宁，刘肇军，等. 我国天然草地生态系统服务价值评估[J]. 生态经济，2015，31（10）：132-137.

[86] 崔保山，杨志峰. 湿地学[M]. 北京：北京师范大学出版社，2006.

[87] 崔丽娟，庞丙亮，李伟，等. 扎龙湿地生态系统服务价值评价[J]. 生态学报，2016，36（3）：828-836.

[88] 崔丽娟.鄱阳湖湿地生态系统服务功能价值评估研究[J].生态学杂志，2004，23（4）：47-51.

[89] 崔丽娟.中国的湿地保护和湿地公园建设探讨[A]//湿地公园-适当保护和可持续利用论坛交流文集[C]，2005：38-42.

[90] 邓龙，刘成斌，李久山，等. 试论湿地的分类[J]. 黑龙江生态工程职业学院学报，2006（6）：6-7.

[91] 丁言强等译. 综合环境经济核算 SEEA-2003[M]. 北京：中国经济出

版社，2005．

[92] 段锦，康慕谊，江源．东江流域生态系统服务价值变化研究[J]．自然资源学报，2012，27（1）：90-103．

[93] 段彦博，雷雅凯，吴宝军，等．郑州市绿地系统生态服务价值评价及动态研究[J]．生态科学，2016，35（2）：81-88．

[94] 范芳玉，葛颜祥，郭志建．大汉河流域生态服务价值评估研究[J]．山东农业大学学报：社会科学版，2011（4）：77-81．

[95] 方瑜，欧阳志云，肖燚，等．海河流域草地生态系统服务功能及其价值评估[J]．自然资源学报，2011，26（10）：1694-1706．

[96] 冯继广，丁陆彬，王景升，等．基于案例的中国森林生态系统服务功能评价[J/OL]．应用生态学报，2016（05）．

[97] 高雅，林慧龙．草地生态系统服务价值估算前瞻[J]．草业学报，2014，23（3）：290-301．

[98] 葛继稳．湿地资源及管理实证研究——以"千湖之省"湖北省为例[M]．北京：科学出版社，2007．

[99] 广元市利州区政府办公室．广元市利州区 2014 年国民经济和社会发展统计公报．//www.lzq.gov.cn．2015．05

[100] 国家林业局湿地保护管理中心．保护地球之肾为生态文明建设持续发力[N]．中国绿色时报，2014-01-07（E03）．

[101] 国家林业局造林绿化管理司．造林项目碳汇计量监测指南[M]．北京：中国林业出版社，2014．

[102] 韩维栋，高秀梅．红树林生态系统及其生态价值[J]．福建林业科技，2000，27（2）：9-13．

[103] 贺桂珍，吕永龙，王晓龙，等．应用条件价值评估法对无锡市五里湖综合治理的评价[J]．生态学报，2007，27（1）：270-280．

[104] 侯春良．唐海湿地生态系统服务功能价值评估和保护研究[D]．石家庄：河北师范大学，2005．

[105] 侯元兆，吴水荣．生态系统价值评估理论方法的最新进展及对我国流行概念的辨正[J]．世界林业研究，2008，21（5）：7-16．

[106] 胡孔泽，张汉基．油田绿化改善环境生态效益定量评估[J]．江汉石油科技，1994，4（3）：91-92．

[107] 胡小飞，傅春．南昌城市绿地系统生态调节服务功能价值动态分析[J]．江西农业大学学报，2014（1）：230-237．

[108] 环境科学大辞典编辑委员会．环境科学大辞典[M]．北京：中国环境科学出版社，1991．

[109] 桓曼曼．城市公园绿地生态系统服务功能价值评价——以越秀公园为例[D]．广州：中山大学，2002．

[110] 黄成才，杨芳．湿地公园规划设计的探讨[J]．中南林业调查规划，2004，23（3）：26-29．

[111] 黄湘，陈亚宁，马建新．西北干旱区典型流域生态系统服务价值变化[J]．自然资源学报，2011，26（8）：1364-1376．

[112] 黄新民，但新球，熊智平，等．湖南东江湖湿地公园的资源（产）服务功能与价值研究[J]．湿地科学与管理，2007，3（2）：32-37．

[113] 姜芸，李锡泉．湖南省湿地标准与分类以及湿地资源[J]．中南林业科技大学学报，2007（02）：92-95．

[114] 金阳．生态环境的价值计量与实现方法研究——以南阳白河国家湿地公园为例[J]．全国商情：经济理论研究，2014（18）：40-41．

[115] 靳芳，鲁绍伟，余新晓，等．中国森林生态系统服务价值评估指标体系初探[J]．中国水土保持科学，2005，3（2）：5-9．

[116] 康晓明，崔丽娟，李伟，等．基于CVM的吉林省湿地生物多样性维持服务价值评价[J]．中国农学通报，2015，31（6）：161-166．

[117] 匡耀求，黄宁生．关于《湿地公约》中"湿地"定义的汉译[J]．生态环境，2005，14（1）：134-135．

[118] 郎惠卿，金树仁．中国沼泽类型及其分布规律[J]．东北师大学报（自然科学版），1983（03）：1-12．

[119] 郎惠卿，林鹏，等．中国湿地研究和保护[M]．上海：华东师范大学出版社，1998．

[120] 雷昆．对我国湿地公园建设发展的思考[J]．林业资源管理，2005（2）：23-26．

[121] 李炳玺，谢应忠，吴韶寰．湿地研究的现状与展望[J]．宁夏农学院学报，2002，23（3）：61-67．

[122] 李桂荣，梁士楚．广西湿地分类系统的研究[J]．玉林师范学院学报，2007，28（3）：75-79．

[123] 李加林，童亿勤，杨晓平，等．杭州湾南岸农业生态系统土壤保持功能及其生态经济价值评估[J]．水土保持研究，2005，12（4）：202-205．

[124] 李建娜．杭州西溪湿地生态系统服务功能研究[D]．重庆：西南大学，

2006.

[125] 李建勇.广东湛江红树林生态系统服务功能与可持续发展研究[D].广州：中山大学，2002.

[126] 李金昌，等.生态价值论[M].重庆：重庆大学出版社，1999.

[127] 李景保，常疆，李杨，等.洞庭湖流域水生态系统服务功能经济价值研究[J].热带地理，2007，27（4）：311-316.

[128] 李禄康.湿地与湿地公约[J].世界林业研究，2001，14（1）：1-7.

[129] 李旻宇，崔红，多化豫.呼和浩特市南湖湿地公园生态系统服务功能及价值评估[J].内蒙古林业调查设计，2009，32（3）：9-14.

[130] 李伟，崔丽娟，庞丙亮，等.湿地生态系统服务价值评价去重复性研究的思考[J].生态环境学报，2014，23（10）：1716-1724.

[131] 李文华，张彪，谢高地.中国生态系统服务研究的回顾与展望[J].自然资源学报，2009，24（1）：1-10.

[132] 李文华，等.生态系统服务功能价值评估的理论、方法与应用[M].北京：中国人民大学出版社，2008.

[133] 李文华.生态系统服务研究是生态系统评估的核心[J].资源科学，2006，28（4）：4-4.

[134] 李艳岩.黑龙江省湿地法律定义评析[J].湿地科学，2008，6（2）：321-325.

[135] 梁建民，毛士英，刘采堂.林冠截留降雨的观测试验研究[J].地理集刊，1980（12）：39-52.

[136] 刘红玉，吕宪国，张世奎.湿地景观变化过程与累积环境效应研究进展[J].地理科学进展，2011，22（1）：60-70.

[137] 刘亮.辽东湾、渤海湾、莱州湾三湾生态系统服务价值评估[J].生态经济，2012（6）：155-160.

[138] 刘晓辉，吕宪国.三江平原湿地生态系统固碳功能及其价值评估[J].湿地科学，2008，6（2）：212-217.

[139] 刘永杰，王世畅，彭皓，等.神农架自然保护区森林生态系统服务价值评估[J].应用生态学报，2014，25（5）：1431-1438.

[140] 柳易林.洞庭湖湿地生态系统服务功能价值评估与生态功能区划[D].长沙：湖南师范大学，2005.

[141] 卢慧，陈克龙，曹生奎，等.青海湖流域生态系统服务功能与价值评估[J].生态经济，2011（11）：145-147.

[142] 卢书兵，杨琳琳，李波，等. 3 个时期华阳河湖群湿地生态系统服务价值估算[J]. 湿地科学，2014，12（6）：747-752.

[143] 陆健健. 中国滨海湿地的分类[J]. 环境导报，1996（1）：1-2.

[144] 陆健健. 中国湿地[M]. 上海：华东师范大学出版社，1990.

[145] 罗晓玲，兰晓波，李岩瑛，等. 人体舒适度指数预报体系研究[J]. 干旱区资源与环境，2004（S2）：59-62.

[146] 吕宪国，王升忠，等. 中国湿地与湿地研究[M]. 石家庄：河北科学技术出版社，2008.

[147] 吕宪国. 湿地科学研究进展及研究方向[J]. 中国科学院院刊，2002，17（3）：170-172.

[148] 吕宪国.湿地生态系统保护与管理[M].北京:化学工业出版社,2004.

[149] 吕晓倩. 济洲国家湿地公园生态系统服务功能的价值评价[J]. 资源节约与环保，2014（9）：150.

[150] 马国军，林栋. 石羊河流域生态系统服务功能经济价值评估[J]. 中国沙漠，2009，29（6）：1173-1177.

[151] 马世骏. 生态规律在环境管理中的作用[J]. 环境科学学报，1981（1）：95-100.

[152] 马学慧，蔡省垣，王荣芬. 我国泥炭基本性质的区域分异[J]. 地理科学，1991，11（1）：30-41.

[153] 马中. 环境与资源经济学概论[M]. 北京：高等教育出版社，1999.

[154] 欧阳志云，王效科. 中国陆地生态系统服务功能及其生态经济价值的初步研究[J]. 生态学报，1999，19（5）：607-613.

[155] 庞丙亮，崔丽娟，马牧源，等. 扎龙湿地生态系统固碳服务价值评价[J]. 生态学杂志，2014，33（8）：2078-2083.

[156] 彭皓，李镇清. 锡林河流域天然草地生态系统服务价值评价[J]. 草业学报，2007，16（4）：107-115.

[157] 彭建，王仰麟，陈燕飞，等. 城市生态系统服务功能价值评估初探——以深圳市为例[J]. 北京大学学报：自然科学版，2005，41（4）：594-604.

[158] 任志远，李晶. 陕南秦巴山区植被生态功能的价值测评[J]. 地理学报，2003，58（4）：503-511.

[159] 师庆三，王智，吴友均，等. 新疆生态系统服务价值测算与 NPP 的相关性分析[J]. 干旱区地理，2010（3）：427-433.

[160] 湿地公约简介[J]．浙江林业，2014（S1）：90-91．

[161] 石轲，刘红玉，王翠晓．城市湿地公园评价指标体系初探[J]．安徽农业科学，2007，35（24）：7465-7467．

[162] 宋豫秦，张晓蕾．论湿地生态系统服务的多维度价值评估方法[J]．生态学报，2014，34（6）：1352-1360．

[163] 苏少川，廖旺顺，刘剑斌，等．建阳市森林生态系统服务价值评估[J]．西南林业大学学报，2014，34（1）：73-77．

[164] 苏迅帆，徐莲珍，张硕新．青藏高原森林生态系统服务价值评估指标的研究——以西藏林芝地区为例[J]．西北林学院学报，2008，23（3）：66-70．

[165] 粟晓玲，康绍忠，佟玲．内陆河流域生态系统服务价值的动态估算方法与应用[J]．生态学报，2006，26（6）．

[166] 隋磊，赵智杰，金羽，等．海南岛自然生态系统服务价值评估[J]．生态经济：学术版，2012（1）：20-27．

[167] 孙广友，王海霞，于少鹏．城市湿地研究进展[J]．地理科学进展，2004，23（5）：94-100．

[168] 唐小平，黄桂林．中国湿地分类系统的研究[J]．林业科学研究，2003，16（5）：531-539．

[169] 陶晶，臧润国，杨国伟，等．云南哈巴雪山自然保护区生物多样性经济价值评估[J]．西部林业科学，2012，41（4）：9-17．

[170] 滕广．以广元南河湿地公园为例浅谈城市湿地公园规划设计[D]．四川：四川农业大学，2012．

[171] 佟凤勤，刘兴土．我国湿地生态系统研究的若干建议//陈宜瑜．中国湿地研究[M]．长春：吉林科学技术出版社，1995．

[172] 王兵，鲁绍伟．中国经济林生态系统服务价值评估[J]．应用生态学报，2009，20（2）：417-425．

[173] 王恩，林佳莎，章银柯，等．杭州西湖湖西景区绿地货币化生态效益评价[J]．中国观赏园艺研究进展，2011，26（1）：209-213．

[174] 王飞，谢其明．论湿地及其保护和利用——以洪湖湿地为例[J]．自然资源学报，1990，5（4）：297-303．

[175] 王广军，唐筱洁，李惠强．广西北海滨海国家湿地公园生态系统服务功能价值评估[J]．中国市场，2014（37）：144-145．

[176] 王海霞，孙广友，于少鹏，等．湿地对城市形成、演进及可持续发

展制约机制的探讨[J]．湿地科学，2005，3（2）：104-109．

[177] 王浩，等．城市湿地公园规划[M]．南京：东南大学出版社，2008．

[178] 王继燕，李爱农，靳华安．湿地植被净初级生产力估算模型研究综述[J]．湿地科学，2015，13（5）：636-644．

[179] 王建华，吕宪国，姜明．长春市南湖公园生态服务价值评估[J]．湿地科学，2007，5（2）：159-165．

[180] 王建华，吕宪国．城市湿地概念和功能及中国城市湿地保护[J]．生态学杂志，2007，26（4）：555-560．

[181] 王金锡，慕长龙，彭培好，等．长江中上游防护林体系生态效益监测与评价[M]．成都：四川科学技术出版社，2006．

[182] 王琨．基于GIS的城市公园绿地可达性研究[D]．江苏：南京林业大学，2012．

[183] 王敏，冯相昭，吴良，等．气候变化背景下典型草原自然保护区生态系统服务价值评估[J]．中国沙漠，2015，35（6）：1700-1707．

[184] 王强，王立，马放，等．湿地生态系统服务功能评估研究进展[J]．城市环境与城市生态，2009，22（4）．

[185] 王如松，聘胡，王祥荣，等．城市生态服务（第二版）[M]．北京：气象出版社，2006．

[186] 王如松．复合生态系统理论与可持续发展模式示范研究[J]．中国科技奖励，2008（4）：21-21．

[187] 王如松．转型期城市生态学前沿研究进展[J]．生态学报，2000，20（5）：830-840．

[188] 王树功．珠江河口区典型湿地景观演变及调控研究[D]．广州：中山大学，2005．

[189] 王宪礼．我国自然湿地的基本特点[J]．生态学杂志，1997，16（4）：64-67．

[190] 王致萍，林栋．兰州银滩湿地区域生态经济价值评估[J]．中国沙漠，2008，28（2）：322-325．

[191] 王祖华，蔡良良，关庆伟，等．淳安县森林生态系统服务价值评估[J]．浙江林学院学报，2010，27（5）：757-761．

[192] 魏强，佟连军，杨丽花，等．三江平原湿地生态系统生物多样性保护价值[J]．生态学报，2015，35（4）：935-943．

[193] 温亚利，李小勇，谢屹．北京城市湿地现状与保护管理对策研究[M]．

北京：中国林业出版社，2008．

[194] 吴海珍，阿如旱，郭田保，等．基于 RS 和 GIS 的内蒙古多伦县土地利用变化对生态服务价值的影响[J]．地理科学，2011，31（1）：110-116．

[195] 吴后建，但新球，舒勇，等．湿地公园几个关系的探讨[J]．湿地科学与管理，2011，7（2）：70-72．

[196] 吴辉，邓玉林，李春艳，等．我国湿地研究、保护与开发[J]．世界林业研究，2007，20（6）：42-49．

[197] 吴玲玲，陆健健，童春富，等．长江口湿地生态系统服务功能价值的评估[J]．长江流域资源与环境，2003，12（5）：411-416．

[198] 吴水荣等译．林业环境与经济账户手册：跨部门政策分析工具[R]．Rome，Italy：FAO，2004．

[199] 吴水荣等译．欧洲森林环境与经济综合核算框架 IEEAF-2002[M]．北京：国家统计局，2004．

[200] 武文婷．杭州市城市绿地生态服务功能价值评估研究[D]．南京：南京林业大学，2011．

[201] 肖玉，谢高地，安凯．莽措湖流域生态系统服务功能经济价值变化研究[J]．应用生态学报，2003，14（5）：676-680．

[202] 谢高地，鲁春霞，冷允法，等．青藏高原生态资产的价值评估[J]．自然资源学报，2003，18（2）：189-196．

[203] 谢高地，鲁春霞，肖玉，等．青藏高原高寒草地生态系统服务价值评估[J]．山地学报，2003，21（1）：50-55．

[204] 谢高地，肖玉，鲁春霞．生态系统服务研究：进展、局限和基本范式[J]．植物生态学报，2006，30（2）：191-199．

[205] 谢高地，张钇锂，鲁春霞，等．中国自然草地生态系统服务价值[J]．自然资源学报，2001，16（1）：47-53．

[206] 徐洪．城市湿地资源评价和生态系统服务价值研究[D]．北京：中国地质大学，2013．

[207] 徐琪，蔡立，董元华．论我国湿地的特点类型与管理[J]．中国湿地研究．长春：吉林科学技术出版社，1995：2433．

[208] 徐琪．湿地农田生态系统的特点及其调节[J]．生态学杂志，1989，8（3）：8-13．

[209] 徐婷，徐跃，江波，等．贵州草海湿地生态系统服务价值评估[J]．生态学报，2015，35（13）：4295-4303．

[210] 薛达元，包浩生，李文华．长白山自然保护区生物多样性旅游价值评估研究[J]．自然资源学报，1999，14（2）：140-145．

[211] 薛达元，包浩生．长白山自然保护区森林生态系统间接经济价值评估[J]．中国环境科学，1999，19（3）：247-252．

[212] 杨洪国．水保林林分结构优化控制[J]．四川林勘设计，1999（4）：27-29．

[213] 杨永兴．国际湿地科学研究的主要特点、进展与展望[J]．地理科学进展，2011，21（2）：111-120．

[214] 杨永兴．国际湿地科学研究进展和中国湿地科学研究优先领域与展望[J]．地球科学进展，2002，17（4）：508-514．

[215] 姚建云，黄安民，兰晓原．基于CVM方法的文化遗产价值评估研究——以云冈石窟为例[J]．经济研究导刊，2011（5）：257-258．

[216] 姚跃明，熊建君，邓熹．雪峰湖国家湿地公园生态系统服务价值评价[J]．湖南林业科技，2015，42（1）：70-73．

[217] 尹飞，毛任钊，傅伯杰，等．农田生态系统服务功能及其形成机制[J]．应用生态学报，2006，17（5）：929-934．

[218] 俞玥，何秉宇．基于CVM的新疆天池湿地生态系统服务功能非使用价值评估[J]．干旱区资源与环境，2012，26（12）：53-58．

[219] 袁松亭．国家湿地公园的概念辨析及发展现状[J]．北京园林，2014（2）：17-20．

[220] 袁正科，张绮纹．水蚀地造林树种生态适应性研究[J]．林业科学，1994，30（5）：391-398．

[221] 张东,李晓赛,陈亚恒.怀来县农田生态系统服务价值分类评估[J].水土保持研究，2016，23（1）：234-239．

[222] 张海燕，王红，陈海昆，等．河北省湿地现状研究[J]．安徽农业科学，2008，36（9）：3806-3808．

[223] 张寒月，李洪波．泉州西湖城市湿地公园生态系统服务功能价值评估[J]．中国水利，2011（5）：59-61．

[224] 张灏，孔东升．张掖黑河湿地国家级自然保护区气候调节功能价值评估[J]．西北林学院学报，2013，28（3）：177-181．

[225] 张灏，王立，孔东升．黑河湿地自然保护区调洪蓄水与提供水源功能价值评估[J]．干旱区资源与环境，2013（10）：026．

[226] 张乐勤，方宇媛，许杨，等．池州森林生态系统服务价值评估与分

析[J]．广西植物，2011，31（4）：463-468．

[227] 张书余．城市环境气象预报技术[M]．北京：气象出版社，2002．

[228] 张文娟，白钰，曾辉．湿地生态系统服务功能评价模式的不足与改进[J]．中国人口资源与环境，2009，19（6）：23-29．

[229] 张新时．草地的生态经济功能及其范式[J]．科技导报，2000，18（8）：3-7．

[230] 张秀英，钟太洋，黄贤金，等．海州湾生态系统服务价值评估[J]．生态学报，2013，33（2）：640-649．

[231] 张绪良，张朝晖，徐宗军，等．莱州湾南岸滨海湿地的景观格局变化及累积环境效应[J]．生态学杂志，2009，28（12）：2437-2443．

[232] 张翼然．基于效益转换的中国湖沼湿地生态系统服务功能价值估算[D]．北京：首都师范大学，2014．

[233] 张永民译．千年生态系统评估：生态系统与人类福祉评估框架[M]．北京：中国环境科学出版社，2006．

[234] 张永雪．南沙渔业湿地生态系统服务价值评估[D]．大连：大连海洋大学，2014．

[235] 张增哲，余新晓．中国森林水文研究现状和主要成果[J]．北京林业大学学报，1988，10（2）：79．

[236] 张志国．四川广元南河湿地公园呈现"三大靓点"[J]．绿色中国，2013（20）：74-75．

[237] 张志强，徐中民，王建，等．黑河流域生态系统服务的价值[J]．冰川冻土，2001，23（4）：360-366．

[238] 赵美玲，成克武，张铁民，等．唐山南湖湿地公园生态系统服务功能价值评估[J]．安徽农业科学，2008，36（14）：6020-6022．

[239] 赵永华，张玲玲，王晓峰．陕西省生态系统服务价值评估及时空差异[J]．应用生态学报，2011，22（10）：2662-2672．

[240] 中国水利部．中国水利年鉴1992[M]．北京：中国水利水电出版社，1992．

[241] 朱世兵，安睿，李海军，等．浅议国家湿地公园的目的定位和目标定位[J]．黑龙江科学，2013（7）：115-116．

[242] 宗跃光，徐宏彦．城市生态系统服务功能的价值结构分析[J]．城市环境与城市生态，1999，12（4）：19-22．

[243] 宗跃光．城市景观生态价值的边际效用分析法[J]．城市环境与城市

生态，1998，11（4）：52-54.

[244] 黄金玲. 对《城市湿地公园规划设计导则》几个基本问题的解读[J]. 规划师，2007，23（3）：87-89.

[245] 刘小春. 试论鄱阳湖湿地生态环境保护法律制度的构建[J]. 前沿，2012（16）：66-67.

[246] 马世骏，王如松. 社会经济-自然复合生态系统[J]. 生态学报，1984，4（1）：1-9.

[247] 马世骏，王如松. 社会经济-自然复合生态系统[J]. 生态学报，1984，4（1）：1-9.

[248] 辛琨，肖笃宁. 生态系统服务功能研究简述[J]. 中国人口资源与环境，2000（S1）：21-23.

[249] 许涤新. 实现四化与生态经济学[J]. 经济研究，1980，11：1-4.

[250] 张振明，刘俊国. 生态系统服务价值研究进展[J]. 环境科学学报，2011，31（9）：1835-1842.

附 件

附录 1　四川南河国家湿地公园生态系统服务价值评估调查问卷

尊敬的女士/先生：

　　您好！感谢您抽出宝贵的时间填写我们的问卷，请根据自己的实际感受和看法如实填写，本问卷采取匿名形式，所有数据仅供学术研究使用。

　　敬祝身体健康，万事如意！

　　一、请回答下列问题（在选项处画"√"）。

　　1. 湿地被誉为"地球之肺"，具有调节气候、涵养水源、维护生物多样性等多种生态系统服务，您对此了解吗？

　　　　A. 非常了解　　　　B. 了解　　　　　　C. 一般

　　　　D. 不太了解　　　　E. 没听说过

　　2. 您认为对四川南河国家湿地公园进行保护重要吗？

　　　　A. 非常重要　　　　B. 重要　　　　　　C. 一般

　　　　D. 不重要　　　　　E. 完全不重要

　　3. 请您对四川南河国家湿地公园的未来潜在价值（存在价值、遗产价值、选择价值）重要性进行评价（回答此问题前请您先了解以下内容）。

　　介绍：城市湿地非使用价值包括存在价值、选择价值和遗产价值。其中：

　　存在价值是指为了维护城市湿地资源长期持续存在，您愿意支付的价值；

　　遗产价值是指为了保留城市湿地供子孙后代继续享用，您愿意支付的价值；

　　选择价值是指为了将来随时可能选择使用城市湿地的某项功能，现在您愿意提前支付的价值。

未来潜在价值	非常重要	重要	一般	不重要	完全不重要
存在价值					
遗产价值					
选择价值					

4. 您来四川南河国家湿地公园的主要目的是什么？

　　A. 休闲观光　　　　B. 健身娱乐　　　　C. 商务活动

　　D. 探亲访友　　　　E. 其他；请补充_____

5. 您前来这里所乘坐的交通工具是什么？

　　A. 汽车　　　　　　B. 火车　　　　　　C. 飞机

　　D. 距离较近，步行即可　　　　　　　　E. 其他；请补充_____

6. 您在四川南河国家湿地公园（预计）停留多久？

　　（　　）小时

7. 您在此次旅行过程中花费了多少？（包括餐饮费、住宿费等旅行相关费用）

　　A. 少于 100 元　　B. 100～300 元　　C. 300～500 元

　　D. 500～1000 元　　E. 1000 元以上　　F. 其他；请补充_____

8. 若您是本地居民，您愿意选择在四川南河国家湿地公园附近的社区居住吗？

　　A. 愿意　　　　　　B. 不愿意

9. 如果愿意，您认为居住在四川南河国家湿地公园附近最大的好处是什么呢？（可多选）

　　A. 方便随时到公园休闲　　　　B. 空气新鲜，环境宜人

　　C. 有更多商业机会　　　　　　D. 没有好处，仅仅是为了工作方便

　　E. 其他；请补充_____

10. 您一年到四川南河国家湿地公园游玩几次？

　　A. 一次　　　　　　B. 几乎每周都来游玩　　　　C. 多次，经常来

11. 您认为下列哪些要素对四川南河国家湿地公园的发展影响最大？（可多选）

　　A. 水质　　　　　　B. 空气质量　　　　C. 植物景观

　　D. 自然野趣　　　　E. 建筑风格　　　　F. 科普展示

　　G. 环境卫生　　　　H. 其他；请补充_____

12. 在园区的设计中通过建立鸟岛的方式为动植物提供更好的栖息环境，您认为这样做对保护生物多样性有好处吗？

　　A. 没有好处　　　　B. 有好处

13. 如果大家保护环境，四川南河国家湿地公园会成为子孙后代未来的宝贵资源吗？

　　A. 会的　　　　　　B. 不会

14.（1）您是否愿意为了四川南河国家湿地公园的长久发展，每年支付一定的费用，用于四川南河国家湿地公园的保护？

    A. 愿意　　　　　　B. 不愿意

（2）如果选择愿意，您希望每年支付多少金额（元/年）？

    A. 小于 50　　　　　　B. 50～100　　　　　　C. 100～400

    D. 400～800　　　　　E. 800～2000　　　　　F. 2000～4000

    G. 4000～8000　　　　H. 超过 8000

15. 您认为四川南河国家湿地公园还有哪些方面需要提高？（可多选）

    A. 景观设计　　　　　B. 娱乐项目　　　　　C. 科普展示

    D. 服务质量　　　　　E. 环境保护

    F. 其他；请给出您的宝贵建议＿＿＿＿＿＿＿＿＿＿＿＿＿＿＿

二、为了科学地对您的评价结果进行统计，请根据实际的情况完成下列各选项，真诚感谢您的帮助，谢谢！

1. 您来自＿＿＿省＿＿＿市（县）。

2. 您的年龄

    A. 小于 20 岁　　　　B. 21～30 岁　　　　C. 31～40 岁

    D. 41～50 岁　　　　E. 大于 51 岁

3. 您的职业

    A. 教师　　　　　　　B. 公司职员　　　　　C. 公务员

    D. 个体经营者　　　　E. 学生　　　　　　　F. 退休职员

    G. 其他

4. 您的教育程度

    A. 初中及以下　　　　B. 高中及中专

    C. 大专及本科　　　　D. 本科以上

5. 您的年收入是（元/年）

    A. 低于 1 万　　　　　B. 1 万～3 万　　　　C. 3 万～5 万

    E. 5 万～7 万　　　　　F. 7 万～9 万　　　　　G. 9 万以上

对于您所提供的协助，我们再次表示诚挚感谢！

附录2 四川南河国家湿地公园生态系统服务价值评估体系及方法

评估对象	价值分类	评估指标	指标分项	货币化方法
四川南河国家湿地公园生态系统服务价值评估	生态过程价值	气候调节	森林生态系统蒸腾吸热	等效益替代法
			湿地生态系统蒸腾吸热	等效益替代法
		水源涵养	森林生态系统水源蓄积	影子工程法
			湿地生态系统水源蓄积	影子工程法
		植物净化	提供负氧离子	成本替代法
			吸收污染物	污染防治成本法
			降低噪声	成本替代法
			杀灭病菌	成本替代法
			净化水质	成果参照法
		土壤保持	减少泥沙淤积灾害	替代工程法
			保持土壤肥力	影子价格法
			减少土地废弃	机会成本法
		固碳释氧	植物固碳	碳税法、造林成本法、影子价格法
			土壤固碳	碳税法、造林成本法、影子价格法
			植物释氧	造林成本法、影子价格法
		栖息地	生物多样性维持	影子工程法
			生物多样性保育	成果参照法
	社会人文价值	水源供给	生活用水供给	市场价格法
		休闲娱乐	生活休闲、游憩娱乐	旅行费用法
		文化科研	宣传教育	影子工程法
			科学研究	成果参照法
		人居环境改善	改善城市人居环境	溢价收益法
	未来潜在价值	存在价值	存在意愿支付	条件价值法
		遗产价值	遗产意愿支付	条件价值法
		选择价值	选择意愿支付	条件价值法

附录3 四川南河国家湿地公园生态系统服务价值货币化清单表

序号	价值分类	单项年价值/万元	单位面积年价值/万元·hm⁻²	单项比例/%	总量比例/%
1	生态过程价值	7150.36	64.42	100.00	3.39
1)	气候调节	3369.67	30.36	47.13	1.60
2)	水源涵养	210.29	1.89	2.94	0.10
3)	植物净化	1106.14	9.97	15.47	0.52
4)	土壤保持	2.02	0.02	0.03	0.001
5)	固碳释氧	2083.72	18.77	29.14	0.99
6)	栖息地	378.52	3.41	5.29	0.18
2	社会人文价值	202 456.33	1823.93	100.00	95.98
1)	水源供给	2081.78	18.75	1.03	0.99
2)	休闲娱乐	98 560.00	887.93	48.68	46.72
3)	文化科研	477.01	4.30	0.24	0.23
4)	人居环境改善	101 337.54	912.95	50.05	48.04
3	未来潜在价值	1335.93	12.04	100.00	0.63
1)	存在价值	554.91	5.00	41.54	0.26
2)	遗产价值	421.34	3.80	31.54	0.20
3)	选择价值	359.68	3.24	26.92	0.17
	生态系统服务价值	210 942.62	1900.38	100.00	100.00

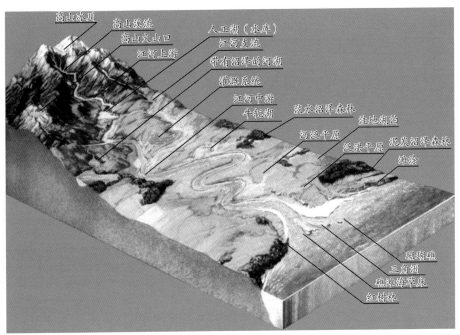

扫一扫，图版1内容清晰看

■　图 1-1 发育在不同部位的湿地（赵学敏，2005）

■　图 2-1 香港米埔湿地公园

■　图 2-2 上海崇明东滩湿地公园

■　图 2-3 日本钏路湿地国际公园

■　图 2-4 秦淮河城市湿地公园

① 图序、图题与正文中一一对应。

■ 图2-5 桑沟湾城市湿地公园

■ 图2-6 西洞庭湖国家城市湿地公园

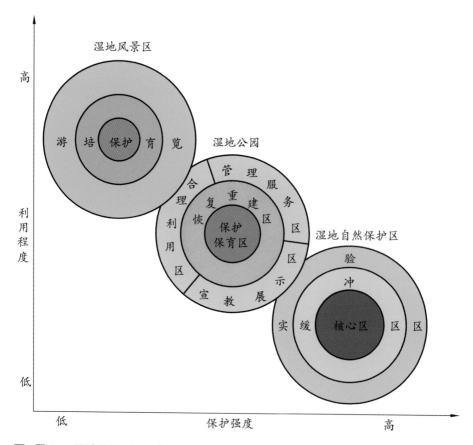

■ 图2-8 湿地公园、湿地自然保护区、湿地风景区关系图（吴后建等，2011）

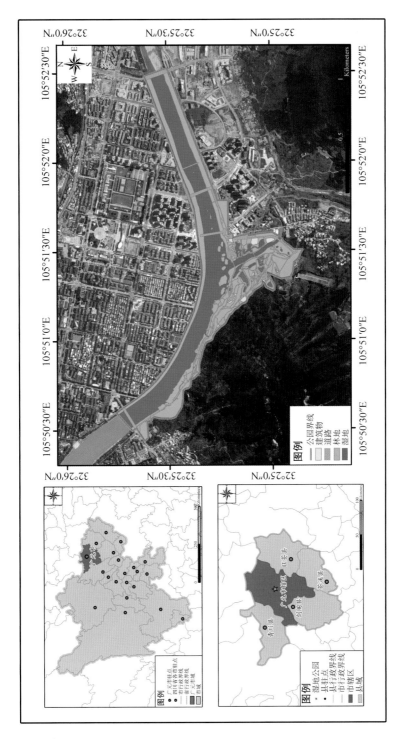

图 5-1 四川南河国家湿地公园地理位置

3

■ 图5-2 四川南河国家湿地公园地质简图

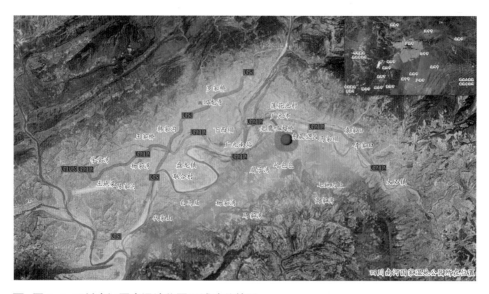

■ 图5-3 四川南河国家湿地公园区域地貌简图

4

图 5—4 四川南河国家湿地公园湿地资源分布图

图 5-5 四川南河国家湿地公园植被图

■ 图5-6 梯田湿地生态修复前（左）后（右）对比

■ 图5-7 野生鸟岛生态修复前（左）后（右）对比

■ 图5-8 清水平台生态修复前（左）后（右）对比

■ 图 5-9 竹园小溪生态修复前（左）后（右）对比

■ 图 5-10 南湖生态修复前（左）后（右）对比

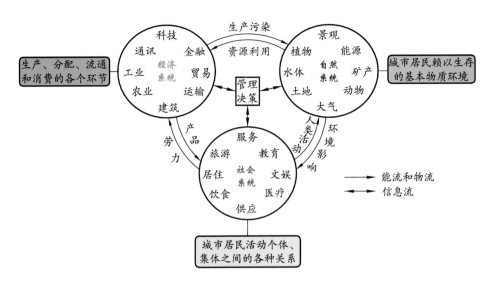

■ 图6-2 四川南河国家湿地公园城市复合生态系统组分与结构示意图

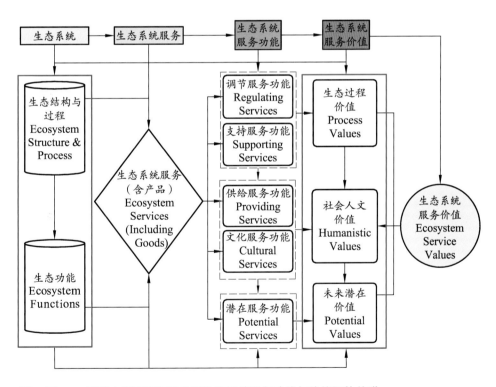

■ 图6-3 四川南河国家湿地公园生态系统服务功能与价值评估关联

9

■ 图 8-1 四川南河国家湿地公园人居环境改善辐射范围及适宜建筑用地

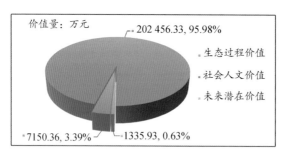

■ 图 9-1 四川南河国家湿地公园生态系统服务价值构成及比例

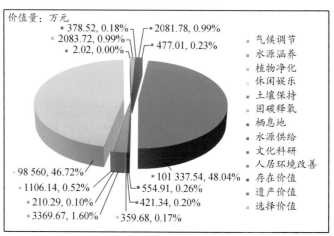

图 9-2 四川南河国家湿地公园生态系统服务单项价值构成及比例

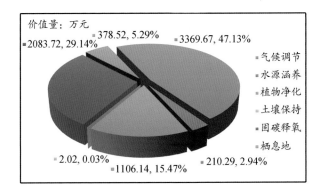

图 9-3 四川南河国家湿地公园生态过程价值构成及比例

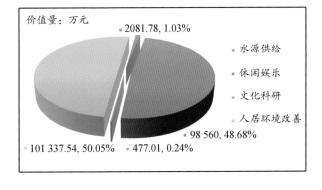

图 9-4 四川南河国家湿地公园社会人文价值构成及比例

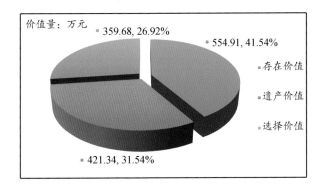

图 9-5 四川南河国家湿地公园未来潜在价值构成及比例

11

1. 四川南河国家湿地公园 2002 年 09 月 Google 影像

2. 四川南河国家湿地公园 2004 年 10 月 Google 影像

3. 四川南河国家湿地公园 2010 年 03 月 Google 影像

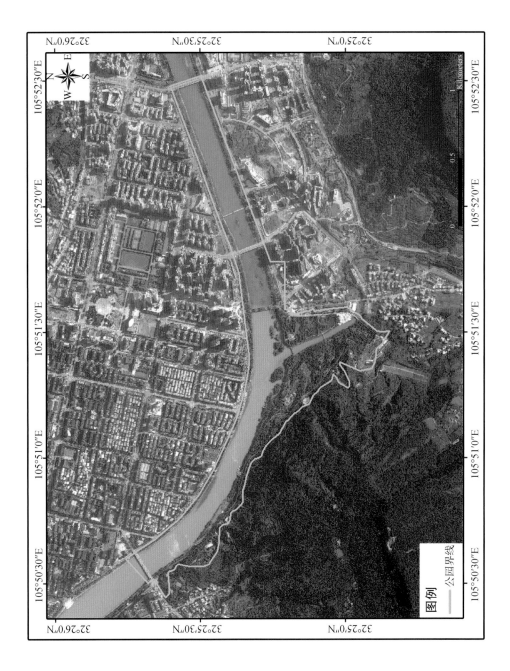

4. 四川南河国家湿地公园 2014 年 09 月 Google 影像

5. 四川南河国家湿地公园 2015 年 08 月 Google 影像